KB135252

민간형 메이커 스페이스

팝랩과 팝시티

민간형 메이커 스페이스

팝랩과 팝시티

김윤호 지음

팹랩은 보다 나은 미래로 이어지는 여행의 시작

팹랩에서 이루어지는 제조(혹은 제작) 행위는 누군가와 함께 여행을 하고, 이야기를 만들어 나가고 있다는 느낌이 든다. 팹랩은 전 세계 80개국 이상의 국경을 가볍게 뛰어넘은 글로벌 네트워크이다. 교통사고로 고생한 적이 있던 나에게 팹랩과의 만남은 인생을 바꿀 만한 사건이었다. 일본인으로선 관심을 두지 않았던 일들이, 세계인의 관점에서 보면 깨닫게 되는 일들이 많았다.

그래서 더 더욱 일본에서 최초의 팹랩은 일본의 문화와 역사와 결합된 지역에서 설립하고 싶다고 생각하여, 게이오대학교의 다나카 히로야 교수와 함께 가나가와현 가마쿠라시에 팹랩 가마쿠라(鎌倉)를 설립하였다. 1888년에 세워진 양조장을 개축한 건물 안에 팹랩이 설치된 것이다. 기술과 전통이 융합되면서 미래를 만들어간다. 2011년 5월 활동을 시작하면서 지금도 그 마음은 변하지 않고 있다. 오히려 디지털 패브리케이션 기술이 보급되었기 때문에, 온고지신의 균형을 취하는 마음가짐이 중요하다는 것을 깨닫게 된다. 선조의 기술, 면면히 지켜온 문화는 곧 바로 복제될 수 없는 것이다.

팹랩을 통해서 이루어지는 사람과 사람사이의 만남도 마찬가지다. 팹랩의 활동을 시작하면서 세계 여러 국가의 사람들과 친분을 맺을 수 있었다. 때때로, 이는 마치 전 세계를 여행하는 듯한 기분이 들어서 좋다. 이렇게 이 추천사를 쓰는 것도 나에겐 왠지 여행을 하고 있는 것처럼 느껴진다.

이 여행은 아직 걸음마 단계이다. 일본을 벗어나 멋진 만남을 통해서 이렇게 한국까지 올 수 있게 되었다. 미래는 갑자기 바뀌는 것이 아니라, 사람들이 만나, 같은 시간을 공유하고, 미래를 함께 이야기하고, 그려나가는 데서 시작된다는 것을 새삼 느끼고 있는 날들이다. 이런 점에서 우리의 미래는 우리들이 만들어 간다. 더 좋은 미래의 새로운 도전을 함께 할 수 있는 동료가 늘어가면서, 함께 지내는 시간을 만들어 간다면 굉장히 설레는 일이 될 것이다.

와타나베 유카(팹랩 가마쿠라 공동 설립자 겸 대표)

글로벌 신기술에 의한 4차 산업혁명은 각 지역의 문화, 역사, 전통과 결합할 때 비로소 의미를 갖는다. 우리 아시아에서 살아가고 있는 인간은, 이를 솔선수범해 나가야 한다.

다나카 히로야(게이오대 교수, 일본 팹랩 설립자, 팹사회위원회 위원장)

경험 확장 공간으로써 메이커스페이스는 제4차 산업혁명시대의 교육, 창업의 핵심 플랫폼 중 하나로 주목받고 있다. 그러나 그 중요도에 비해 관련 문헌이 부족한 상황에서, 풍부한 사례를 통해 메이커스페이스와 메이커운동을 소개하는 본서의 출간이 진심으로 반갑다. 본서가 메이커운동과 메이커스페이스 활성화에 큰 도움이 되기를 기대한다.

김성우(서울대 교수, 아이디어 팩토리 책임자)

4차 산업혁명을 새로운 시각에서 바라보는 저술로 저자의 창의성이 돋보인다. 이 저술을 기반으로 국내외의 팹랩 운영 실태와 비즈니스 모델 분석, 더 나아가 한국형 지속가능한 디지털 패브리케이션 모델을 개발하는 과정까지 논의가 이어졌으면 하는 바람이다.

이명무(성균관대학교 교수)

4차 산업혁명 시대는 가는 비에 옷 젖듯이 우리 주변에 다가왔다. 이 책은 지금을 사는 모든 이들이 4차 산업혁명 시대에 참여하고 개척할 수 있도록 깨우쳐주는 가치 있는 내용들을 정리하였다.

하재구(쌈지사랑규방공예연구소 소장)

전통공예가 점차 대중에서 멀어지고 있는 시점에서, 전통 장인이 디지털을 만나 디지털 장인으로 변신할 수 있는 가능성을 보여준 공예박물관 내 팹랩 설치 제안은 매우 흥미롭다.

안대벽(한류문화산업포럼 회장)

프로슈머 시대의 도래를 가속화 시켜줄 혁신 플랫폼, '팹랩'. 팹랩을 가장 이해하기 쉽고, 정확하게 풀어놓았다.

김동현(팹랩 서울 책임연구원)

아이디어를 직접 구현하는 디지털 제조 실험실로서의 팹랩을 넘어, 도시 문제 해결을 위한 혁신 플랫폼으로서의 팹랩을 발견하게 해 준 책이다.

박남식(국립과천과학관 연구관)

팹랩을 그저 시설쯤으로 생각했다면 큰 오산이다. 이 책은 무엇이든 할 수 있고 뭐라도 하고 싶은 공간의 가능성을 담았다. "팹랩은 어떤 곳인가요?"라는 질문을 받을 때마다 내 머릿속은 수많은 단어들로 가득해진다. 사람, 공유, 네트워크, 디지털, 문화… 이제는 이 책을 내밀면 되겠다.

구혜빈(서울 이노베이션 팹랩 디렉터)

· 특별 기고: 일본의 팹랩 현황 ·

다나카 히로야*

동아시아 최초의 팹랩이 일본 가마쿠라(鎌倉)와 츠쿠바(筑波)에 동시에 설립된 것이 2011년 5월의 일이다. 그리고 6년이 지났다. 6년이란 기간은 인간으로 따지면 초등학교에 입학하는 연령대이다. 그 동안 몇 가지 중요한 일들이 있었다.

세계의 팹랩 관계자들이 모인 '제9회 글로벌 팹랩 회의'가 일본에서 개최된 것은 2013년. 전 세계 40여 개국에서 참석한 팹랩 관계자들에게, 일본 팹랩에 대해 다음과 같이 소개했다.

> 가마쿠라는 역사와 전통의 마을, 장인의 마을, 수작업을 소중하게 여기는 사람들이 살고 있다. 이런 환경 속에서 탄생한 '팹랩 가마쿠라'는 전통 문화와 디지털의 접점을 찾기에 노력하고 있다. 그리고 아이들에게 창조성을 전하는데도 매진하고 있다.

한편, 츠쿠바는 기술과 로봇의 마을, 그리고 학생들과 연구자가 살고 있다. 이런 가운데 탄생한 '팹랩 츠쿠바'는 센서나 전자 공작을 이용한 사물인터넷(Internet of Things)의 개발에 주력하고 있다. 여

---

* 게이오대학교 환경정보학부 X디자인프로그램 교수(공학 박사). 일본 팹랩 설립자

기에서는 다수의 메이커나 창업이 이어질 것으로 기대한다.

가마쿠라는 역사와 전통, 츠쿠바는 기술과 로봇. 정반대의 개념이지만, 둘 다 '일본'의 이미지다. '과거'와 '미래', 양쪽이 혼재하는 것이 일본의 팹 문화이다. 팹랩은 하나하나, 모두가 지역의 관점에서 보면 개성적인 것이다.

팹랩 가마쿠라

그리고 일본에서는 팹랩이 점점 늘어나고 있다. 현재 팹랩이나 팹 시설은 120개 이상 설치되어 있다. '팹 카페(Fab Cafe)'는 일본에서 시작되어, 전 세계로 네트워크를 넓히고 있다.

팹랩 츠쿠바

2013년 '글로벌 팹랩회의'를 통해 아시아 국가들과 많은 연결고리를 만든 일본의 노력은, 그 뒤 동남아로 확산되고 있다. 필리핀의 보홀섬에서는 쓰레기 문제를 해결하고자, 플라스틱을 재활용한 3D프린트의 연구가 시작되었다.

한편 '글로벌 팹랩회의'를 개최한 요코하마시에서는 팹(Fab)의 관점을 도시 전체로 확산시키는 '팹시티 계획·요코하마'를 구상하게 되었다. 지금까지 이루어졌던 획일적으로 행정이 계획하는 도시가 아니라, 주민 자신이 참여하고 자신들의 '도시'를 만들어 나가려는 시도이다.

이런 상황을 바탕으로, 일본 총무성은 '팹사회'의 검토를 실시하는 위원회를 개최하고, 저는 위원장 역할을 수행했다. 2014년부터 2015년까지 이어진 이 위원회 활동을 통해, 그 결과물로서 '팹 사회(Fab Society)'는 다음 두 가지 현상으로 정의되었다.

기술적 측면

'디지털(Digital)'과 '피지컬(Physical)'이 연결되는 것(3D프린터, VR/MR/AR, IoT)

사회적 측면

'메이커(Maker)'와 '유저(User)'가 연결되는 것(제조<혹은 제작>하
는 시민의 등장)

    이러한 두 가지 현상을 기업의 관점에서 바라보면 '4차 산업혁명'
이 되지만, 시민의 관점에서 보면 '팹 사회'이다. 저는 시민의 관점에
서 생각하는 것이 중요하다고 생각한다. 왜냐하면 기업에서 일하는
사람들도 집에 돌아오면 '시민'이 되기 때문이다. 그리고 회사가 망해
도, 거기서 일하는 사람들은 계속 삶을 이어간다. 조직보다, 회사보다,
정부보다, '인간'이 고귀하다. '인간'이 살아가기 위해, 신기술을 어떻
게 사용하는가를 지속적으로 고민하는 것이 팹랩이다.

    마지막으로, 새로운 사회에 대한 생각(견해)을 한국과 일본이 협력
하여, 아시아 전체로 확산시켜 나가고 싶다.

다나카 히로야 교수

· 게이오대학교의 '팹 지구 사회' 홈페이지
  http://coi.sfc.keio.ac.jp/conso/

· 다나카 히로야 교수의 연구실 홈페이지
  http://fab.sfc.keio.ac.jp/

지난해 인간 최고수 이세돌과 인공지능 AI가 벌인 세기의 바둑 대결로 인해, 인공지능과 4차 산업혁명에 대한 논의가 각종 매체에서 화제를 일으켰다. 인공지능, 사물인터넷(IoT), 증강현실(AR) 등 첨단기술로 무장한 4차 산업혁명의 파장은 특정 분야에 국한되지 않고 경제 전반으로 확산되고 있다. 더 나아가 전통산업 부문으로 스며들면서 새로운 제품과 서비스가 폭발적으로 늘어나고 있다.

한편, 4차 산업혁명의 구체적 모습으로 미국은 디지털 트랜스포메이션(Digital Transformation), 독일은 인더스트리 4.0(Industry 4.0)을 앞세우고 있다. 반면 우리나라는 '4차 산업혁명'이란 메가트렌드 관점에만 집중하고 있다. 한 전문가의 견해에 따르면 "4차 산업혁명에 대한 말이 많은데, 실질적으로 뭐가 어떻게 됐을 때 4차 산업혁명이 이뤄진다는 것인지의 개념이 부족한 것 같다."고 설명한다. 즉 정부가 주도하고, 기업이 이끌어가는 4차 산업혁명의 다양한 모습들은 우리에겐 다소 생소하다. 일반인은 물론 전문가들이 보기에도 4차 산업혁명은 눈에 보이지 않는 실체와 같은 느낌이다. 그것이 어떤 것이고, 무엇을 말하는지, 특히 우리에게 어떤 도움이 되는 것인지에 대한 설명이 부족한 상태다.

그런 가운데 유력 정치인들이 4차 산업혁명의 모범 사례로서 팹랩 서울을 방문하면서, 팹랩(FabLab)에 대한 관심이 조금씩 높아지

고 있다. 팹랩은 3D프린터 및 커팅머신 등의 디지털 공작 기계를 갖
추고, 이 기자재들을 누구나 무료 또는 저가로 이용할 수 있게 함으
로써, 노하우와 아이디어를 서로 공유하는 차세대 실험 공방과 네트
워크를 의미한다. 또한 팹랩은 창업과 벤처를 위한 공간일 뿐만 아
니라, 개인이 원하는 것(제품 또는 상품)을 만들 수 있는 열린 디지
털시민공방의 역할도 수행하고 있다. 이는 팹랩이 사람중심 4차 산
업혁명의 실체를 눈으로 보고 체험할 수 있는 열린 공간을 의미한
다. 더 나아가 팹랩은 지역과 세계를 연결하는 디지털 제조의 허브
역할을 수행할 수 있다는 가능성 역시 보여준다.

팹랩은 1998년 미국의 MIT 닐 거쉔펠드가 '(거의) 모든 것을 만
드는 방법'이라는 강좌를 개최하여, 학생들의 큰 호응을 얻으면서
시작되었다. 이를 통해 퍼스널 제조(Personal Fabrication)의 가능성
을 발견한 닐 거쉔펠드는, 이윽고 2002년 MIT에서 진행한 연구를
확장하여 보스턴 빈민가에 세계 최초의 팹랩을 설치한다. 이어 인도
푸네시 교외의 시골 마을에도 팹랩을 개설하였고, 그 후 미국, 유럽,
아프리카, 그리고 아시아로 수를 늘려나가고 있다. 2017년 3월 기준
팹랩은 전 세계 100여 개국 1172개소에 개설되어 있으며, 한국은
팹랩 서울을 포함한 16개소가 있다.

한편 한국 정부는 메이커 운동(Maker Movement)[1]을 벤처, 창업의
핵심동력으로 삼고자 전국적으로 공공형 메이커스페이스[2](무한상상
실,[3] 창작터, 셀프제작소 등)를 확대·보급하고 있으며, 이에 따라
민간 주도의 메이커스페이스(팹랩, 테크숍 등)도 늘어나는 추세다.
메이커(Maker), 메이커 운동(Maker Movement)이라는 용어는 2005
년 창간된 <메이크 매거진>을 통해 처음 언급되었으며, 이후 전 세
계적으로 통용되고 있다. 메이커란 디지털 기기와 다양한 도구를 사

용한 창의적인 만들기 활동을 통해 자신의 아이디어를 실현하는 사람을 뜻한다. 즉 메이커스페이스에서 '함께 만드는 활동'에 적극 참여하고, 그 결과물과 지식, 경험을 공유하는 사람들이다. 그리고 이런 이들이 일상에서 창의적 만들기를 실천하고, 자신의 경험과 지식을 나누고 공유하려는 경향이 메이커 운동이라고 부른다.

이와 같이 시민들의 메이커 운동에 대한 이해가 넓어지고, 정부의 적극적인 지원을 통해 이용할 수 있는 메이커스페이스도 늘어나고 있다. 그렇지만 시민들이 왜 이런 메이커스페이스에 참여해야 하며, 그곳에서 무엇을 해야 하는가에 대한 철학이나 이념적 담론은 부족한 상태다. 개인 혹은 집단의 적극적인 참여를 이끌어내지 못하고 있고, 메이커스페이스 내 온오프 커뮤니티 연계 활동도 부진한 상황이다.

이는 미국에서 출발한 메이커스페이스 문화가 한국적 상황에서 자연스럽게 안착되지 못하고 있기 때문이다. 미국의 경우 개인 차고 등을 통해 어릴 때부터 개인 제조(혹은 제작)가 자연스럽게 이뤄지며, 개인이 제조한 신제품을 긍정적으로 평가하고 지원하는 문화가 형성되어 있다. 유럽이나 일본 역시 오래된 물건을 수리하여 사용하는 재활용 문화, 공방문화 등 제조에 관한 인프라와 경제력을 어느 정도 갖추고 있다. 이에 비해 우리나라는 개인 제작(제조)문화가 발달하지 못했고, 제작 문화를 누릴 만한 충분한 공간도 여유도 거의 없었다. 예를 들어, 선진국을 중심으로 확산되어 있는 팹카페(Fab Cafe), 간단히 음료를 즐기면서 제조(혹은 제작)을 체험할 수 있는 공간이 거의 없다. 최근 들어 제조 공간이 급격히 늘어나긴 했지만, 시민들이 가까운 곳에서 디지털 제조에 쉽게 접근할 수 있는, 디지털 시민 제작 공방의 형태를 띠고 있는 민간 주도의 팹랩 같은 메이커스페이스의 확산이 필요한 시점이다.

　이에 대해 필자는 메이커스페이스, 특히 민간형 팹랩이 전 세계 1,000여 군데 설치되고, 철학이나 이념을 공유한 디지털 시민공방으로 자리매김하고 있는 사례를 목격하였다. 특히 미국에서 자유방임적으로 팹랩이 늘어난데 비해, 일본은 처음부터 다양한 이해관계자가 모여 만든 팹랩 네트워크가 중심이 되었다. 일본 내 팹랩이 보급되기 시작한 초창기인 2010년 미국 MIT(매사추세츠 공과대학)에서 팹랩을 공부하고 온 게이오대학의 다나카 히로야 교수를 중심으로, 팹랩 재팬(FabLab Jpna)이란 단체가 발족한다. 그 후 1년간의 논의를 거쳐, 일본의 문화와 역사가 남아 있으면서 지역 내 제조정신이 구현되고 있는 가마쿠라가 첫 번째 팹랩 설치 지역으로 선택된다. 전통이 살아 숨 쉬는 가마쿠라의 양조장을 개조하여, 디지털 공방인 팹랩을 만들게 된 것이다. 그 후 일본에서는 상호 협력을 통해 팹랩이 자연스럽게 늘어났다. 그 성과를 바탕으로 2013년 일본을 주축으로 한 팹랩 아시아 네트워크가 만들어졌고, 팹시티 요코하마 2020년 계획이 수립되었다. 이어 2014년, 2015년에 걸쳐 총무성 산하 팹사회연구회가 설립, '팹사회 전망', '팹사회 기반구축'에 관한 2편의 보고서를 발간하기도 했다.

　일본에서 벌어진 이러한 일련의 일들의 중심에 있는 다나카 히로야 교수는 팹랩은 기술 중심이 아니라 기술과 사회를 통합하는 사회 변혁의 모델이 되어야 한다고 강조한다. 또 이를 위해서는 팹랩의 철학이나 이념을 커뮤니티 내 참여자들이 공감, 공유하는 것이 무엇보다 중요하다고 강조하고 있다. 나아가 팹랩을 통해 지속가능한 아시아적 가치를 발견하기 위해 노력하고 있다.

　일본 팹랩은 전문가들을 중심으로 한 네트워크를 바탕으로 서로의 목표와 지향점을 공유하면서 체계적으로 운영되어왔다는 점에서 우리나라에도 시사하는 바가 크다. 필자는 올 2월 다나카 히로야 교수와 인터뷰를 통해 한국과 일본의 힘을 합쳐 팹랩의 아시아적 가치를 발견할 수 있다면 좋겠다고 생각했다. 그리고 2010년부터 이어온 지난 7년간의 일본의 경험(미국 팹랩을 아시아적 가치로 재해석하여 기술과 사회의 조화를 강조)을 한국에 제대로 적용시킬 수 있다면, 한국의 팹랩 문화 발전에 다소나마 기여할 것으로 판단되어 이 책을 쓰게 되었다.

특히 다나카 히로야 교수가 인터뷰 중 던졌던 "한국은 팹랩을 통해 아시아에 무엇을 기여할 수 있습니까?"란 질문에 대해, 필자는 한류와 시민 커뮤니티로 한국형 팹랩을 만들어 가야한다고 두루뭉술하게 답변을 했지만, 좀 더 구체적인 한국적 모습이 필요하다고 느꼈다.

그런 가운데 서울시에서 2018년 공예박물관을 건립한다는 계획을 듣고, 공예박물관 내에 디지털 시민공방(팹랩)을 만들면 어떨까란 생각을 했다. 공예박물관 내 팹랩에서 시민들의 자발적 참여를 이끌어내고, 전통공예를 현대적 감각으로 재탄생시키는 제작 활동을 활성화시킨다. 더 나아가 전통문화의 핵심지역인 인사동과 연계한 다양한 디지털과 접목된 문화 융성 프로젝트를 진행한다면, 한국식 팹랩 모델이 탄생할 수 있지 않을까 기대한다. 특히 전자메카인 세운상가에 설립된 팹랩 서울과 디지털을 전통문화에 접목한 인사동의 공예박물관내 팹랩은 한국의 팹랩문화를 선도해갈 수 있는 쌍두마차가 될 수 있을 것으로 기대된다. 특히 공예박물관내 팹랩 시설을 통해 시민뿐만 아니라 외국인까지도 자연스럽게 한국 전통문화를 체험하고, 세계적으로 연결된 팹랩 네트워크를 통해 홍보할 수 있으면, 눈에 보이는 사람중심 4차 산업혁명의 좋은 모델이 될 수 있지 않을까 기대한다. 이는 이어령 교수의 이야기처럼 과거와 현재, 그리고 디지털과 아날로그가 공존하는 디지로그(Digilog)4의 세상을 만드는데 기여할 것이다.

책의 주요 목차는 다음과 같다. 1장에서는 다가올 4차 산업혁명과 팹랩과의 관계를 설명하고, 팹랩이 만들어가는 팹사회의 모습을 설명하였다. 2장에서는 팹랩의 정의, 헌장, 글로벌화 현황을 설명하고, 팹랩 사례로서 팹랩의 아시아적 가치의 구현이라는 도서 출판의 목적에 부합하기 위해, 아시아의 팹랩 사례를 중심으로 소개한다. 구체적으로는 일본의 팹랩 가마쿠라, 인도의 빅얀 아스람, 한국의 팹랩 서울이다. 이어서 팹랩으로 할 수 있는 다양한 프로젝트와 함께, 팹랩과 적정기술이 만나는 사례로서 필리핀 보홀의 업사이클 폐플라스틱 프로젝트, 일본의 See-D 프로젝트를 설명한다. 마지막으로 한국형 팹랩 모델로서 서울시 공예박물관 내 팹랩 시설 설치에 대한 의견을 정리하였다.

제 3장에서는 글로벌 스마트 도시 동향을 소개한 후, 스마트도시 모델 중에서 높은 시민참여로 각광받고 있는 팹시티를 소개한다. 구체적인 사례로서 스페인 팹시티 바르셀로나를 소개하고, 일본의 팹시티 요코하마 2020 계획을 살펴본다. 마지막 결론에서는 한국의 메이커 운동의 현황을 살펴보고, 팹랩의 미래 방향성에 대해 3가지 관점에서 설명한다.

이 도서를 통하여, 팹랩이라는 개인 제조(제작)공간이 가지는 가치가 한국에 널리 알려지고, 한국형 팹랩 문화가 만들어지는데 다소나마 도움이 되기를 바라는 마음이 간절하다. 장문의 감동적인 추천사를 써 주신 팹랩 가마쿠라의 와타나베 유카 대표, 이 책을 위해 특별 기고를 써 주신 게이오대학 다나카 히로야 교수와 흔쾌히 추천사를 써 주신 모든 분들께 진심으로 감사를 드린다. 마지막으로 이 책이 나오기 까지 격려해주신 하재구 소장, 오랜기간 병상에 누워계신 아버지, 아내와 두 아들에게 감사의 말을 전한다.

Keep Fabbing,

2017년 7월 저자 씀

차례

제1장

.
.
.

4차 산업혁명과 팹사회

　세계경제포럼(WEF)은 2016 다보스포럼을 통해 현재 우리가 4차 산업혁명 단계에 접어들고 있으며. 4차 산업혁명이 우리의 경제, 인구, 사회 모든 면에 영향을 미칠 것이라고 예상하였다.

　세계경제포럼은 4차 산업혁명을 주도하는 혁신기술로 인공지능, 메카트로닉스, 사물인터넷(IoT), 3D 프린팅, 나노기술, 바이오기술, 신소재기술, 에너지저장기술, 퀀텀컴퓨팅 등을 지목했다. 그리고 일련의 기술을 기반으로 기가인터넷, 클라우드 컴퓨팅, 스마트 단말, 빅데이터, 딥러닝, 드론, 자율주행차 등의 산업이 확산되고 있다고 보았다. 4차 산업혁명은 인공지능, 로봇공학, 3D프린팅, 생명공학기술과 같이 서로 단절되어 있던 분야들이, 경계를 넘어 분야 간 융복합을 통해 발전해나가는 '기술혁신'의 패러다임이라고 볼 수 있다. 혁신적인 기술의 융복합 트렌드는 향후 스마트 홈, 스마트 공장, 스마트 농장, 스마트 그리드 또는 스마트 시티 등 스마트 시스템 구축으로 공급망관리(supply chain management)부터 기후 변화에 이르기까지 다양한 문제에 대응할 수 있는 범용적인 기술로 자리 잡을 것으로 예상된다.

위에서 살펴본 것처럼 세계경제포럼이 4차 산업혁명의 기술적 측면을 강조한 반면, 4차 산업혁명의 가장 주목할 만한 혁신을 '제조업 혁신'이라는 관점에서 바라보는 입장도 있다. IoT, 클라우드컴퓨팅, 3D 프린터, 빅데이터 등의 ICT기술을 통해 생산 공정과 제품 간 상호 소통시스템을 지능적으로 구축함으로써 작업 경쟁력을 높이는 '인더스트리 4.0(Industry 4.0)'이 대표적이다. 4차 산업혁명에서는 제조공정의 CPS(사이버물리시스템) 도입 등 자동화, 지능화된 '제조공정의 디지털화', '제품의 서비스화'라는 측면이 강조된다. 제조공정의 디지털화는 한마디로 스마트공장의 확산을 의미한다. 3D 프린팅을 기반으로 맞춤형 소량생산이 가능해진 공정혁신부터, 현재 GE(General Electric)의 산업인터넷(Industrial Internet) 전략처럼 공정전반은 물론 제품의 유지관리, 제품을 기반으로 한 고객접점 확보와 지속적인 AS를 지원까지 광범위하다.

인더스트리 4.0은 독일의 인더스트리 4.0 전략에서 유래 되었으며, 사물인터넷, 사이버물리시스템, 인공지능, 센서 등 ICT 기술을 바탕으로 생산, 관리, 물류, 서비스를 통합 관리하는 스마트팩토리의 구현을 목표로 한다. 차세대 제조혁명의 경우 ICT 기술 뿐 아니라, 바이오기술, 나노기술, 3D 프린팅, 재료기술 등에서 발생하는 제조부문의 광범위한 영향을 통칭하는 보다 광의의 개념으로 사용된다.[5] 이와 같은 변화는 제조업의 생산성을 향상시킬 것으로 기대되며, 생산방식과 고용방식에 많은 변화를 가져올 것으로 예측된다.[6] 또한, 4차 산업혁명이 불러올 인구, 사회, 경제적 변화는 작업환경의 변화와 노동 유연화, 신흥시장 중산층의 성장, 기후변화 및 자연자원의 제약과 녹색경제로의 이행, 지정학적 변동성의 확대 등 다양한 변화 역시 동반할 것으로 전망된다.

한편, 3D 프린터 등 디지털 패브리케이션(Digital Fabrication : 공장에서 대규모로 제조되는 Manufacturing과 대비되는 소규모 디지털 제조 혹은 제작) 기기 외에 소형 마이크로 컨트롤러 보드와 센서 등 디지털 컴퓨팅을 위한 도구 및 키트도 급속히 소형화·고성능화 및 저가격화되었다. 그 결과 이러한 기기가 일반 시민 계층에 확산되고, 시민들이 직접 제조에 참여하는 흐름이 시작되고 있다. 이러한 시민들이 모여서 활동하는 민간 메이커스페이스이며, 개방형 혁신 공간인 팹랩은 시민을 위한 제작공동체(혹은 제작실험실)로서 활용되고 있다. 각 팹랩은 전 세계적으로 네트워크화되어 있으며, 팹사회를 구성하는 기반이 된다. 즉 디지털 패브리케이션 기기를 이용한 개인 수준에서 자유로운 제조(생산)가 이루어져, 그 자체가 3D 데이터의 형태로 네트워크를 통해 유통, 판매(소비)되는 팹사회가 다가오고 있는 것이다.

따라서 팹랩은 우리 눈에 보이고, 우리가 무엇인가를 할 수 있는 사람중심 4차 산업혁명의 참여형 모델이 될 수 있다. 다음 절에서는 팹랩이 만들어 가는 팹사회를 통해서, 4차 산업혁명 중 제조 혁명이 가져올 미래의 모습을 살펴보고자 한다.

02 팹랩이 만들어가는 팹사회

1. 팹랩의 등장 배경

최근 ICT를 제조에 활용하는 움직임이 활발하다. 시민들이 인터넷에 업로드된 데이터를 가지고 3D 프린터와 레이저 커터 등 디지털 패브리케이션 기기를 이용해 필요한 제품을 필요한 만큼 만드는 제조 방식이 세계 각국에서 활발해지고 있다. 이러한 새로운 형태의 제조를 '메이커 운동(Maker Movement)'이라 부른다. 이는 '제조 공동체' 형태의 사용자 참여를 통한 지속가능한 개방형 혁신모델의 가능성을 제시한다. 팹랩은 '개인의 자유로운 제조 가능성을 확대하기 위한 실험적 공방'이며, 더 나아가 '교육·훈련, 연구개발, 제조를 연결하는 차세대 인프라'로 주목받고 있다.

세계 각국의 정부 차원에서도 이러한 새로운 흐름을 자국의 경제성장에 적극적으로 도입하려는 움직임이 활발히 진행되고 있다. 미국은 1,000곳의 공립학교에 디지털 패브리케이션 장비를 갖추는 것을 목표로, 2015년도 예산 29억 달러를 투자했다. 프랑스는 'Digital district policy'에서 프랑스 전 지역에 디지털 패브리케이션 시설을 설립하는 정책을 발표했다. 러시아에서는 2013년 100개소의 디지털 패브리케이션 시설이 설립되었다.

이러한 움직임은 신흥국·개발도상국에서도 마찬가지다. 이들은 1990년대 'IT 혁명' 시기에 급격하게 성장한 인도와 한국의 예를 배우고 있으며, 4차 산업혁명의 물결을 타고 급격한 성장을 이루고자 이 분야에 주목하고 있다. 이러한 새로운 제조의 흐름 중에서 신흥국·개발도상국에서 특히 주목 받고 있는 팹랩(FabLab: Fabrication Laboratory / Fabulous Laboratory)은 2017년 3월 24일 기준 전 세계 100여 개국 1,117개가 설치되어 있다. 팹랩의 개설 현황을 주요 국가별로 살펴보면, 미국 149개, 프랑스 144개, 인도 42개, 일본 16개, 한국 16개이다.

자료 : https://www.fablabs.io

<그림 1> 아시아 팹랩 네트워크(2017년 3월 기준)

2009년 팹 재단(Fab Foundation)이 설립된 이후, 매년 글로벌 컨퍼런스(FAB13, 2017년 칠레 산티아고)가 개최되고 있으며, 이들은 팹랩에 관한 아카데미, 연구, 프로젝트, 기부·공여 프로그램을 진행하고 있다(그림 2 참조).

자료 : http://www.fabfoundation.org/

<그림 2> Fan Foundation의 주요 활동

한편, 아시아 팹랩 네트워크의 구축을 목적으로 2013년 설립된 팹랩 아시아 재단(Fablab Asia Foundation)은 일본을 주축으로 필리핀, 인도, 대만, 인도네시아 등과 연계하여 활동하고 있다. 2014년 FAN1, 2015년 FAN2 아시아 컨퍼런스를 개최하였고, 특히 2014년 FAN1은 필리핀 아키노 대통령을 포함한 필리핀 내 산관학 관계자, 아시아 팹랩 관계자 등 500여명이 참여하며 언론의 큰 주목을 받았다.

팹랩은 세계 각지의 풀뿌리 시민 수준에서 독자적인 3D 프린터를 갖춘 스마트 하우스까지 수많은 혁신을 창출하며 지속적인 성과를 내고 있다. 팹랩을 한국적 상황에서 대입시켜보면, 그것은 '시민 제작

공방'을 의미한다. 이것이 확대되면 국내뿐 아니라 개발도상국 저소득층 거주 마을의 창의 제작소가 될 수 있다. 팹랩은 단순히 스타트업이나 전문가를 위한 공간이 아니라, 지역민의 삶의 질을 지속가능하게 개선하는 측면을 담당하고 있는 것이다. 다나카 히로야[7] 역시 팹랩을 기술(Technology)과 사회(Society)가 통합된 혁신체제로 바라보고 있다.

2. 팹사회의 도래[8]

3D 프린터나 레이저 절단기 등 컴퓨터 제어 공작기계는 40년 전부터 존재하고 있었지만, 오랫동안 그 용도는 특정 전문 분야에 한정되어 왔다. 3D 프린터는 원래 제조업에서 시제품을 빠르게 만드는 데 사용되었으며, 레이저 커터는 주로 인감을 만드는 데 사용되었었다.

그러나 최근에는 큰 변화가 일어나고 있다. 공작 기계는 급속히 저가격화, 소형화, 고성능화되었다. 공작 기계를 구입할 수 있는 매장도 늘어났고 개인과 소그룹으로도 구매할 수 있게 되었다. 또한 기계들이 PC와 연결되어, '정보화 사회의 새로운 경로'라는 시각에서 주목받게 되었다. 디지털 패브리케이션은 디지털 데이터에서 종이와 나무, 수지, 금속 등의 각종 소재를 사용하여 즉시 '물건'을 인쇄 내지 조형 가공하는 것을 말한다. 이전부터 기업의 공장이나 연구소에서는 이 기술을 시제품 개발을 목적으로 활용해왔다.

디지털 패브리케이션 기술이 인터넷과 결합하여 큰 변화가 일어났다. 디지털 콘텐츠의 창조가 이루어지고, 사이버 공간에서만 존재하던 '정보'가 제조 현장에서 존재하는 '물건'을 만나, 서로 융합하며 새로운 공간과 비즈니스를 만들어가고 있다.

3D 데이터(정보)가 있으면 실제 물건을 만들 수 있고, 역으로 리얼한 것을 3D데이터(정보)로 옮겨 저장하거나 유통시킬 수 있게 되었다. 또한 소형 마이크로 컨트롤러 보드, 센서, 액추에이터 등의 가격이 떨어짐에 따라, 입체 조형뿐만 아니라 네트워크에 연결하는 기능이나 서비스에 대해서도 쉽게 시제품을 개발할 수 있게 되었다.

이들 공작 기계는 비디오카메라나 잉크젯 프린터 등과 대등하게 '미디어 기기' 범주에 속하며, '디지털 패브리케이션'이란 새로운 용어로 표현되고 있다. 그 용도는 더 이상 제조업에 한정되지 않으며, 지금까지의 상식에 얽매이지 않는 활용법이 무수히 생겨나고 있다. 그리고 그 대부분은 기존의 전문 영역의 발상에 얽매이지 않는 '개인(창조적 생활인 혹은 사용자)'으로부터 시작된다. 대형 컴퓨터가 개인화되어 'PC(퍼스널컴퓨터)'가 된 것처럼, 공작 기계가 개인화되

자료 : 일본 총무성(2014)

<그림 3> 팹사회의 등장 배경

며 '퍼스널 패브리케이션'이란 새로운 문화가 생겨난 것이다.

공작기계가 개인화되며 창의력이 높은 새로운 '물건'을 만들어내는 발판이 되는 것과 보조를 맞추어, 보이진 않는 또 하나의 중요한 변화가 일어나고 있다. 그것은 공작기계가 '인터넷'과 연결된 분산적인 생산시스템이 나타난 것이다. 공장이라는 '시설'에 기계를 모두 모으지 않아도, 네트워크화된 단말기로 이루어진 복수의 기계를 유연하게 구성하면 상황에 맞는 스마트한 '생산' 라인을 실시간으로 만들어 낼 수 있다. 그 결과, 소재가 있는 장소에 데이터를 보내거나 물건을 사용되는 곳과 가까운 장소에서 생산을 진행하는 등 기존과 전혀 다른 유통이 탄생하고 있다. 예컨대 일본의 팹랩 가마쿠라에서는 한 가죽 장인이 재단이 어려운 가죽 소재를 레이저 커터로 재단하여 슬리퍼를 제작한 뒤 그 데이터를 공개했다. 이를 본 케냐 팹랩 운영자는 케냐의 토양에 맞게 슬리퍼의 모양, 소재, 디자인을 바꾸어 샌들로 재탄생시켰다. 인터넷이 중앙 관리 처리시스템에서 자율·분산·협조의 패러다임의 전환을 이끈 것과 똑같은 일이 지금 '생산시스템'에서 실제로 일어나고 있는 것이다.

디지털 패브리케이션의 핵심은 개인용 컴퓨터와 결합하는 '개인화'와 인터넷과 연결되는 '분산화'이다. 이를 중심으로 할 때, 디지털 패브리케이션(공작기계)은 제조업의 관점이 아니라 오히려 정보통신과 정보화 사회의 관점에서 바라보아야 한다. 즉 '디지털화'의 관점에서 다시 한 번 살펴볼 필요가 있다. 이때 디지털 패브리케이션 기술은 정보화 사회를 완성하기 위한 '마지막 한 조각'이 될 수 있다. 즉 지금까지 ICT (Information Communication Technology)라 불린 기술은 ICFT (Information Communication Fabrication Technology)

로 진화하고, 정보와 물질을 서로 연결하는 새로운 네트워크 사회, 즉 '팹 사회(Fab Society)'가 비로소 구현되는 것이다.

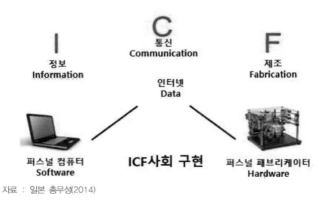

IT(Information Technology)에서
ICT(Information Communication Technology)로,
더 나아가 ICFT(Information Communication Fabrication Technology)로

자료 : 일본 총무성(2014)

<그림 4> ICF 사회의 구현

3. 팹사회란

3D 프린터 등 디지털 패브리케이션 기기 이외에 소형 마이크로 컨트롤러 보드와 센서와 같은 피지컬 컴퓨팅을 위한 도구 키트가 급속히 소형화·고성능화 및 저가격화되면서, 이러한 기자재들을 팹랩으로 대표되는 메이커스페이스를 통해 무료 혹은 저렴하게 이용할 수 있게 되었다. 이에 시민들이 제조에 참여할 수 있는 여건이 조성되고 있다.

시민들이 제조에 참여하는 흐름은 소비자 요구의 다양화라는 시장 구조의 변화에 의해 가속화되고 있다. 이전부터 많은 논의가 진행되었지만, 갈수록 소비자의 요구가 다양해지면서 대량 생산, 대량 소비의 모델로는 그들이 진정으로 원하는 상품이나 서비스를 제공할 수 없게 되었다. 따라서 기술을 기반으로 제품이나 서비스를 개발하는 '제품 아웃(Product Out)' 과정에서 이용자의 관점을 중시하는 '시장 인(Market In)' 과정으로의 전환이 기업에서 진행되고 있으며, 사용자가 시장을 주도하는 경향이 강해지고 있다.

이렇듯 새로운 제조의 시작과 시장 구조의 변화가 생겨나는 가운데 생산자와 소비자 사이에 있던 울타리는 완만하게 무너지기 시작했다. 그 결과 생산, 유통, 소비 구조가 조금씩 바뀌고 있다. 3D 프린터 등 디지털 패브리케이션 기기를 이용하여 개인 수준에서 자유로운 제조(생산)가 이루어져, 그 자체가 3D 데이터의 형태로 네트워크를 통해 유통, 판매(소비)되는 사회가 다가오고 있다. 디지털 패브리케이션 기술의 진척과 시장 구조의 변화는 더 이상 막을 수 없는

<그림 5> 디지털 패브리케이션 기기

흐름이며, 이러한 사회('팹사회(Fab Society)')로의 전환은 필연적이라고 할 수 있다.

　창조적 생활인이 팹사회에서 선도적인 역할을 수행하며, 그 중심이 되어 새로운 제조를 실시하게 된다. 창조적 생활인은 네트워크를 통해 유통되는 3D 데이터를 바탕으로 자유로운 발상을 갖고 창작하며, 생산된 3D 데이터를 다시 네트워크를 통해 유통한다. 이를 바탕으로 다른 창조적 생활인이 새로운 창작을 실시한다. 이런 과정을 통해 팹사회에서는 제조의 고리가 순환하면서 커져 나간다. 이처럼 개인 수준의 제조에 초점을 맞추고 보면 팹사회는 '인터넷 환경을 전제로 한 새로운 것들의 기획·설계·생산·유통·판매·사용·재사용이' 일반화된 '사회'라고 할 수 있다. 즉, 개인 수준에서도 3D 데이터를 사용하여 물건의 기획·설계·생산이 이루어진다. 생산된 물건은 현실적인 유체물로 판매되는 것과 동시에 3D 데이터로 네트워크에서도 판매된다. 또한 네트워크를 통해 유통된 3D 데이터를 기초로 2차 창작, 3차 창작이 이루어지게 되고, 차례로 파생된 새로운 것이 생산되게 된다. 즉, 데이터의 재사용이 기하급수적으로 이루어지게 된다.

　팹사회에서는 다양한 소비자의 요구에 부응하기 위해 다품종 소량 생산을 가능케 하는 3D 프린터 등 디지털 패브리케이션 장비를 이용한 새로운 제조가 부각된다. 따라서 전통적인 제조업의 강점인 '고품질 제품을 저가로 대량 생산하는 것'과는 다른 강도(가치의 원천)가 요구된다. 즉 '어떻게 물건을 싸게 많이 만들까(How to make)'이외에 '어떤 것을 얼마나 만들까(What to make)'가 중요하다.

　앞에서 살펴본 바와 같이, 팹사회가 조금씩 다가옴에 따라 현재 제조의 양상이 변화하고 있으며 소비자인 개인에 의한 제조가 확대되고 있다. 이에 시장 구조의 변화와 함께 과거와 같은 '강한 생산자(기업)'와 '약한 소비자'라는 구도가 무너지고 있다. 팹사회에서는 생산자와 소비자 모두의 얼굴을 가진 창조적 생활인이란 개인 차원의 '약한 생활인'이 등장하고, 새로운 제조의 중심을 담당하게 된다. 이 '약한 생산자'인 창조적 생활인이 위축되지 않고 기존과는 다른 참신한 발상에서 창조성이 풍부한 가치 있는 것을 만들어 낼 수 있는 환경을 만드는 것이 중요하다. 팹사회로의 이행은 아래의 여러 측면에서 새로운 가치를 가져올 것으로 기대된다.

① 새로운 혁신이 태어난다.

팹사회에서는 누구나 쉽게 제조할 수 있다. 따라서 기존의 제조업과는 다른 발상·방법 등을 통해 제조가 이루어지는 전례가 없는 혁신을 기대할 수 있다.

② 새로운 경제가 태어난다.

팹사회에서는 다양한 주체에 의해 새로운 것이 만들어진다. 이와 함께 3D프린터 등에서 사용하는 소재의 유통, 3D 데이터를 유통·판매하는 플랫폼의 제공, 제조 노하우를 가르칠 수 있는 인재 육성 서비스 등 다양한 분야에서 새로운 경제가 태어날 것으로 기대된다.

또한 제조업의 소재가 필요한 장소에서 필요한 만큼 조달이 이루어지는 팹사회에서는 '지산 지소(현지 생산, 현지 소비)'가 이뤄진다. 즉 그것은 환경 부하가 적은 친환경 사회 실현에 기여하며, 이상적인 '지역 창생'에도 기여할 것으로 생각된다. 우리나라 지방은 자신의 풍토·문화를 가진 곳이 많다. 그곳의 사람들 자신이 그 지방 고유의 풍토·문화를 살리고, 자신만의 소재를 사용하여 현지에서만 가능한 것을 만들 수 있다. 이를 통해 지역에 고유한 경제의 탄생과 풍요로운 삶의 실현을 기대할 수 있을 것이다.

4. 팹사회에서 새로운 제조의 방향성

앞장에서 살펴본 바와 같이 기술 및 시장 구조의 쌍방 변화를 통해 가까운 장래에 '팹사회'를 도래할 것이다. 이에 따라 우리나라의 제조 형태 역시 바뀌게 될 것이다. 이 새로운 '제조'의 방향은 다음의 세 가지로 집약할 수 있을 것이다.

<표 1> 디지털 패브리케이션 기술의 보급·발전에 따른 새로운 제조의 방향성

1. 기업의 제조 프로세스 혁신 　　기업의 시제품, 설계 시간을 대폭 단축 및 시제품 제작비용의 절감으로 연구 개발을 간소화된다. 저렴한 비용으로 다품종 소량 생산, 개별 요구에 부합하는 제품 생산이 가능하게 된다. 2. 퍼스널 패브리케이션(Personal Fabrication)의 확산 　　지금까지 물건을 만드는 행위에 관여하지 못한 사람들이 만드는 일에 참여하고 제조의 저변이 크게 확대된다. 3. 소셜 패브리케이션(Social Fabrication)의 확산 　　사물이 데이터화되고, 그것이 인터넷을 통해 개방적 교환 및 공유를 통해 새로운 물건이 만들어진다.

1) '제조'의 변화 1 : 기업의 제조 프로세스 혁신

디지털 패브리케이터의 보급으로 인한 제조의 첫 번째 변화는 산업의 제조 프로세스의 혁신이다. 보다 구체적으로 기업의 디자인 및 시작품 제작 기간 단축 등으로 인한 연구 개발의 효율화, 다품종 소량 생산, 맞춤 생산의 일반화, 지금까지 없었던 소재와 디자인 영역에서 활용이다.

기업은 디지털 패브리케이터에 의해 시제품 제작과 금형을 사용하지 않고 디자인 및 시작품을 만들 수 있게 되었다. 이들을 다양한 형태의 입력 데이터 변환만으로 만들 수 있기 때문에 기업의 시작품 제작·설계 시간이 크게 단축되고, 또한 제작비용도 크게 줄어든다. 실제로 플라스틱 용기나 부자재 개발에 활용되면서 기존의 공정보다 초기 비용이 1/50, 제작 기간이 1/10로 줄어든 사례도 있다. 최근에는 강도가 높은 재료도 사용할 수 있게 되면서 복잡한 형상이나 미세한 형태 조정을 필요로 하는 상당 규모의 구조물 등의 설계 및 시작품 등에 있어서도 큰 효과를 낳고 있다.

동일한 것을 대량으로 제조하는 경우, 금형 등을 이용하는 종래의 방법이 저렴하고 뛰어날 수 있다. 이에 비해 입력 데이터의 교체로 다양한 모양을 만들어 낼 디지털 패브리케이션은 개별 요구에 부합하는 다품종 소량 생산에 적합하다. 예를 들어 의수·의족은 지금까지 전문가가 형틀 변경·수정 등을 반복하는 매우 번거로운 제작 과정을 거치지 않을 수 없었지만, 이제는 최적의 형상을 신속하게 제작할 수 있게 되었다. 치과 치료에서 치형 생성에 이용하거나, 수술 전 시뮬레이션을 위한 장기 모형을 환자의 장기 데이터로 직접 만드는 등 환자 개개인의 체형에 맞출 필요가 있는 의료 분야에서도 점차 활용되고 있다. 또한 문화재를 3D 데이터로 저장하거나 주요 문화재의 복제본을 만들기도 하며, 나아가 그것을 '만지는 전시회'로 교육에 활용하는 등 문화·디자인 및 교육 분야에서도 활용 예를 찾을 수 있다.

이처럼 새로운 제조의 구체적인 이용이 확산되고 있으며, 나아가 달 표면의 분말을 신소재로 3D 프린터를 사용해 우주 기지를 만들어내는 계획을 추진하거나, 식자재에서 음식물을 만들어내는 방법을 연구하는 등 지금까지 없었던 새로운 소재에서 물건을 만들어 내는 방법에 대한 다양한 노력도 추진되고 있다.

2) '제조'의 변화 2 : 퍼스널 패브리케이션

새로운 제조가 나타나는 두 번째 방향성은 디자이너와 개인 등 다양한 사람들이 스스로 제조에 참여하는 퍼스널 패브리케이션의 확산이다. 디지털 패브리케이터의 확산에 따라 개인 수준에서 장비를 구입·사용하여 제품 생산이 가능해졌다. 3D 프린터와 같은 출력 장치뿐만 아니라, 3D 데이터를 생성하기 위한 3D 스캐너의 가격 하락이 이어지고 있다. 또한, 3D 데이터 모델링 도구의 단순화, 오픈 소스 등도 급속히 확대되어, 데이터 입력 및 작성에 관한 장벽도 낮아지고 있다.

그 결과, 지금까지 실제 '물건'은 만들지 않았던 디자이너와 크리에이터, 소프트웨어 엔지니어 등이 제품을 생산하게 되었다. 프리랜서로 활동하는 소프트웨어 엔지니어가 디지털 패브리케이터를 활용하여 장치를 개발하고 상품화한 사례가 있다. 악기 수리를 전문으로 하던 장인이 새로운 악기 부속품을 디지털 패브리케이터에서 만들어 판매하는 경우도 있다.

또한 DIY(Do It Yourself)를 지원하는 제조 키트나 메이커스페이스도 등장하여, 제조가 보다 간편하게 이루어지게 되었다. 그 결과 디자이너 등에 그치지 않고 제조를 위한 지식이나 노하우가 없는 일반인도 '만드는' 행위에 참여할 수 있게 되었다. 향후 기업이나 조직의 일원이 아닌 개인의 독창적인 시각이나 기업에서 제품 개발과 사업을 목표로 하지 않는 자유로운 발상을 기반으로 한 제품 생산이 늘어날 수 있으며, 이에 따라서 지금까지 분리되었던 '만드는 사람'과 '쓰는 사람'의 경계가 모호해질 것이다. 또한 사물을 스캔한 데이터만 있으면 누구나 쉽게 제작할 수 있게 되어 아마추어와 전문가들이 동일한 수준의 것을 제작할 수 있게 되는 분야가 나타날 것이다. 예를 들어, 민속, 공예(프로), 수예 및 공작(아마츄어)과 같은 지금까지의 구분과 내용에도 변화가 일어날 것이다.

3) '제조'의 변화 3 : 소셜 패브리케이션

세 번째 방향성은 디지털 데이터화된 '제조' 정보와 기술이 클라우드 등을 활용한 인터넷을 통해 교환·공유되는 소셜 네트워크형태의 제조이다. 즉, 소셜 패브리케이션의 확산이다.

소셜 패브리케이션은 오픈 디자인과 오픈 이노베이션의 형태가 다수 나타나고 있다. 구체적인 사례로서 팹랩의 창작 활동이 있다. 앞에서 소개한 바와 같이 팹랩이 만든 것은 전 세계 공개가 원칙으로 되어 있다. 즉 팹랩은 퍼스널 패브리케이션의 거점이자, 소셜 패브리케이션의 거점이기도 하다. 세계 특정 팹랩에서 만들어진 작품 아이디어를 다른 나라의 팹랩에서 그 지역의 소재를 이용하여 데이터를 미묘하게 조정, 자신의 맥락(Context)에 맞는 형태로 출력할 수 있다. 즉 글로벌 네트워크를 기반으로 한 로컬 제조로의 '글로컬 제조'가 진행되고 있다.

대규모 제품의 소셜 패브리케이션 사례로는 로컬 모터스(Local Motors) 사례가 있다. 로컬 모터스는 미국 애리조나주에 소재하고 있는 자동차회사에게 자동차 설계에서 조립까지를 지원하고, 더 나아가 자동차 제작 방법까지 제공한다. 자동차 구매자는 먼저 로컬 모터스가 준비한 엔지니어와 디자이너, 자동차 팬이 모이는 인터넷 커뮤니티 '포지(Forge)'의 지원을 받으면서 자동차를 설계·디자인해 나간다. 그 후 구매자는 마이크로 팩토리에 방문하여 전문가의 현장 지도를 받으면서 자동차를 스스로 조립한다. 이러한 노력은 향후 자동차뿐만 아니라 다양한 제품으로 확대해 나갈 수 있다. 예를 들어, 로컬 모터스는 2014년 여름 GE와 제휴하여 '퍼스트 빌드(First Build)'란 크라우드 소싱 플랫폼을 출시, 주방 가전 개발을 진행시켜 나갈 계획이라고 한다.

보다 넓게 이용자를 끌어들인 서비스로서 3D프린터 정보를 클라우드에서 공유하는 싱기버스(Thingiverse) 서비스가 있다. 3D프린터 제조사인 메이커봇(MakerBot)사가 운영하는 이 서비스에서는 디자이너 등이 업로드한 데이터를 누구나 다운로드 할 수 있다. 데이터 업로드는 무료 회원 등록이 필요하며, 업로드된 데이터에는 각각 저작권 표시(크리에이티브 커먼즈 라이선스)가 설정되어 있다. 현재 13만 명 이상의 회원이 가입되어 있으며 등록된 디자인 수는 2013년 6월 기준 10만 건을 돌파했다. 총 다운로드 횟수는 2,100만 회를 넘어 디지털 패브리케이터 사용자에게 유용한 플랫폼이 되고 있다.

디지털 패브리케이터의 보급과 발맞추어 소셜 패브리케이션은 크게 확산될 것으로 예상된다. 구체적으로는 제작 거점에 대해 팹랩 외 홈센터 등이 디지털 패브리케이터를 갖춘 장소를 제공할 수 있을 것이다. 그 외 자동차 등 특정 분야에 특화된 제작 장소를 제공하는 경우도 생각할 수 있다. 또한 기업에서 제공하는 기본 디자인을 이용자가 소셜 네트워크를 통해 수정·보완한 후, 그 디자인을 기업의 공장에서 출력·제작하는 등 복합적인 추진도 예상된다.

5. 국내외 동향

외국에서도 최근 디지털 패브리케이션 기술의 보급·발전에 따른 새로운 제조가 중요시되고 있다. 디지털 패브리케이션 장비를 활용한 제조 연구 개발 및 교육 지원 등의 정책에 많은 예산이 배정 중이다.

미국, 영국, 독일 등은 혁신 정책의 일환으로 산관학 연계를 통한 부가 제조기술(3D 프린터) 연구를 진행하고 있다.[9] 미국은 2014년 '메이커즈 이니셔티브 국가(Nation of Makers Initiative)'를 선포했다. 공공기관, 비영리기관, 학교 등에서 메이커 공간 설립 및 관련 교육을 추진하고 있으며, 제조업의 르네상스가 실현되는 메이커 국가를 목표로 공공 및 민관이 협력하여 메이커 인프라 구축 및 운동을 확산시키고 있다.

또한 경제성장 촉진과 국가적 당면과제 해결을 위해 발표한 미국 혁신전략 개정안 중에는 국민의 혁신성 유인 전략의 일환으로서 메이커 운동 촉진이 포함되어 있다. 메이커 운동 촉진의 3대 요소는 혁신기반에 대한 투자(민관협력 인프라 구축 등), 민간 혁신 활동 촉진(혁신기업가 지원강화 등), 국민의 혁신성 유인(제작, 크라우드소싱, 시민참여 등)이다. 나아가 제조업 혁신 및 부활을 위해 첨단 제조 파트너십(AMP) 운영위원회 2.0을 구성·운영하여 민관 협력 창업 생태계를 조성하고 있고, 이외에도 지역별 제조업 혁신 연구소 설치, 3D 프린팅과 센서 등 기술개발 및 비즈니스 모델 발굴, 도서관 중심의 산학협력 기반의 창작 공간(Maker Space) 구축 등을 추진하고 있다. 2013년 스미소니언 박물관, 2014년에는 미국 항공우주국(NASA)이 소장품 등의 3D 데이터를 공개했으며, 2015년 STEM 관련 예산에선 이들에 대한 교육 프로그램 개발 예산이 배정되어 3D 데이터 등의 콘텐츠를 충실화한 STEM 교육이 활성화될 것으로 전망된다.

한편, 팹랩을 통한 미국의 과학기술 인재 육성 정책의 추진 현황을 살펴보면 다음과 같다. 팹랩에서는 어린이부터 어른까지 시민 누구나 DIWO(Do It With Others, 함께 만들자)의 정신으로 제휴하며 디지털 패브리케이션을 추진함으로써, 아이디어를 형태로 만드는 즐거움을 공유하고, 제조에 관한 능력을 높일 수 있다. 즉 팹랩은 사람들의 능력을 끌어내는(empowerment)의 장소가 될 수 있다는 것이다.

차세대 혁신을 창출하는 인재나 장래의 기업가를 육성하는 시점에서는 특히 선입견을 갖고 있지 않는 어린아이들이 시행착오를 거듭하면서 제조의 즐거움을 체감하고, 창조성과 제조의 DNA을 키우는 것이 매우 중요시 된다고 생각된다. 팹랩 등에서 차세대 어린아이들의 잠재적 가능성을 끌어내는 기업가 정신과 도전 정신을 키워

내는 계발 활동의 성패는 국가의 혁신 창출력, 더 나아가서 장기적으로 국제 경쟁력에 큰 영향을 줄 것이다.

팹랩이 가장 많이 보급되어 있는 미국에서는 민간이 자발적으로 이루어지고 있던 팹랩의 활동을 국가 정책으로 재빨리 다룰 수 있도록 2013년 'National Fab Lab Network Act of 2013'[10] 법안이 초당적으로 연방의회에 제출되었다. 이 법안으로 설립되는 National Fab Lab Network(NPO 형태)에서는 인구 70만 명당 적어도 1개 팹랩을 구축하는 것을 목표로 하며, 이는 거리에 '21세기의 도서관'을 정비하려는 것으로 여겨진다. 팹랩을 '도서관'처럼 가까운 곳에서 손쉽게 이용할 수 있는 존재로 만드는 것이 국가의 정책이 된 것이다.

영국에서는 2004년 '기술 전략위원회(Technology Strategy Board)' (현재 명칭을 'Innovate UK'로 변경)을 설치하고, 산학 연계에 의한 제조 기술 연구와 프로젝트를 진행하고 있다. 2013년 이후에는 3D 인쇄 기술을 이용한 연구 개발 프로젝트에 투자하고 있으며, 2015년 항공우주산업 등에 관한 신제품 개발을 목적으로 3D 프린트 센터를 설립한다고 발표했다. 또한 교육 지원 정책으로서 3D 프린터를 학교에 도입하는 인프라 지원도 하고 있다. 미국 역시 STEM(Science, Technology, Engineering, Mathematics) 교육과 같은 인재 육성을 진행 중이다.

독일에서도 대학과 정부, 연구기관이 기업과 제휴하여 디지털 구조 계획에 근거한 생산 방법과 추가 생산에 관한 연구를 진행하고 있다. 스페인 바르셀로나에서는 팹랩의 운영자를 시의 시티 아키텍처(City Architecture)로 임명하여, 시내에 5~6개의 서로 다른 팹랩을 설치하고 있다. 러시아에서는 모스크바 시내에 20개, 러시아 전역에서는 100군데 이상의 설치를 계획하는 등 국가나 시 차원에서 적극적으로 팹랩의 보급, 추진에 대응하고 있다

이러한 노력은 아시아 각국에서도 적극적으로 추진되고 있다. 중국은 창업 촉진 정책의 일환으로 2015년 3월 '대중 창업 지도의견'에 따라 해커스페이스 등 창업공간 확대 및 심천 중심의 오픈 이노베이션을 촉진하고 있다. 베이징, 상해, 심천을 중심으로 공장형 제조기업(Seeed Studio), 하드웨어 판매업체, IoT 연계 창업 공간(3W Cafe), 커뮤니티(팹랩, 해커스페이스) 등 창업과 관련 메이커 활동이 활발하다.

전통적인 산자이 문화[11]와 '메이드 인 차이나(Made in China)'로 상징되는 산업을 토대로 중국은 '창조 차이나(Created in China)'를 위해 전략적으로 메이커를 육성하고 있다. 10개 도시에 3D 프린터 기술산업 혁신센터 건설 및 해커 스페이스 운영 지원 등 다양한 인프라를 구축 중이다. 특히 상하이는 2012년부터 100곳의 메이커스페이스를 건설하는 등 베이징, 심천과 함께 중국의 메이커 문화를 선도하고 있다. 또한 2012년 산관학 공동 출자에 의한 '3D 프린터 기술 산업 연맹'을 발족하였고, 2013년에는 '중국 3D프린트 연구소(The 3D Printing Research Institute of China)'가 설립되어 향후 2년간 초등학교 40만 개에 3D 프린터를 배치할 계획이 세워져있다. 한편, 필리핀 아키노 대통령 역시 디지털 패브리케이션과 팹랩을 통한 공동 창작의 가능성을 높이 평가하고, 정부 차원에서 팹랩을 전국에 설치하기 위한 노력을 기울이고 있다.

일본은 제조업의 강점을 바탕으로 지역 산업 기반의 창조성과 독창성을 겸비한 메이커 제품·서비스 개발 활동이 활발하다. 오타쿠

(한 분야에 열중하는 사람, 덕후)·모노즈쿠리(제조) 문화를 토대로 침체된 제조산업에 새로운 가치와 기술혁신 등을 부여하기 위한 기반으로 메이커 운동을 추진하고 있다.

우리나라는 다가오는 4차 산업혁명 시대에는 '프로슈머(Prosumer, 소비자 겸 생산자)'가 제품개발에 적극 참여하여 맞춤형 생산과 제조업 혁신을 촉진할 것으로 기대하고 있다. 대량생산·대량 소비는 맞춤형 제품의 적량생산·적량소비로 변모하여, 생산과 소비의 패턴 변화를 예고하고 있다. 미래부, 산업부, 문체부 등에서 추진해온 다양한 메이커 창업지원 사업을 연계하여 메이커 활동을 창업으로 연결하고 있다. 미래부는 무한상상실, K-ICT 디바이스랩을 운영하고 있으며, 미래부와 산업부는 공동으로 3D프린팅 산업을 육성하고 있다. 산업부는 아이디어팩토리, 문체부는 콘텐츠코리아랩, 중기청은 크리에이티브 팩토리 등을 운영하고 있다. 우리나라는 2014년 '3D 프린팅 산업 발전 전략'이 발표하였고, 이에 따라 '3D프린팅 산업 발전 협의회' 및 관민 제휴에 의한 '3D 프린팅 발전 추진단'을 발족했다. 이 협의회에서 교육 기관과 도서관 등의 3D 프린터 등의 배포를 수반하는 인재 육성과 중소기업을 위한 3D 프린터 활용 지원 등을 추진하고 있다.

제2장

.
.
.

팹랩

1. 팹랩의 개요

팹랩(FabLab)은 3D프린터 및 커팅머신 등의 디지털 공작 기계를
갖추고, 지역과 세계를 직접 연결하여, 노하우와 아이디어를 서로 공
유하는 차세대 실험 공방과 네트워크를 의미한다. FabLab(팹랩)은
Fabrication Laboratory(제작을 위한 연구실)와 Fabulous Laboratory(훌
륭한 연구실)라는 두 가지 의미가 포함되어 있는 신조어이다. 다나카
히로야(田中浩也)교수는 팹랩을 '디지털에서 아날로그로의 다양한 공
작 기계를 갖춘 실험적인 시민 공방 네트워크'로 정의하고 있다.

팹랩의 제안자는 매사추세츠 공과대학(MIT)의 Center for Bits
and Atoms 소장인 닐 거쉔펠드 교수(Neil Gershenfeld)이다. 그는 첨
단 디지털기술과 공작 기계의 보급에 의해 물질세계의 '프로그램'
및 '퍼스널 패브리케이션'(산업의 개인화)을 가능하게 하는 시대가
오고 있다고 일찍부터 주장했다. 1998년 거쉔펠드 교수는 MIT에서
초음속 제트 수류와 레이저 기계 등 '기계를 만들기 위한 기계'를

한 세트로 갖추고, '(거의) 모든 것을 만드는 방법(How to make (almost) anything)'이라는 독특한 강좌를 개설한다. 이 강좌는 학과를 뛰어 넘어 많은 학생들에게 큰 호응을 얻었으며, 거쉔펠드 교수가 추진해 나갈 퍼스널 패브리케이션의 의미와 그 용도의 가능성을 탐구하는 첫 번째 계기가 된다. 그 후 랩(Lab)을 대학 외에 설립하는 프로젝트로 발전시켜 나간 것이다. 팹랩은 거쉔펠드 교수의 주도하에 3차원 프린터와 커팅머신 등 디지털 공작기기에 대한 실생활의 응용 가능성을 검증하기 위해 대학의 외부에 오픈 랩을 연 것이 그 단초였다. 보스턴 빈민가과 인도의 시골 마을에 설치된 일반인 대상의 팹랩에는 많은 사람들이 모여, 필요에 따라 '사용하는 사람 자신이 직접 물건을 만드는' 일이 자생적으로 시작되었다고 한다. 거쉔펠드의 저서 "Fab : The Coming Revolution on Your Desktop - from Personal Computers to Personal Fabrication"(데스크탑의 다가오는 혁명 : PC에서 퍼스널 패브리케이션까지)에서 각 사례가 소개된 이후, 이러한 사고방식은 급속히 전 세계에 퍼져 나갔다. 어린이부터 전문가까지 DIWO(Do It With Others, 함께 만들자)의 정신으로 협업하며 자유롭게 제조하는 활동이 퍼져 나간 것이다.

2002년 거쉔펠드 교수는 MIT에서 진행한 연구를 확장하여 보스턴 빈민가에 세계 최초의 팹랩을 설치했다. 이어 인도 푸네시 교외의 시골 마을에도 개설하고, 미국, 유럽, 아프리카, 그리고 아시아로 그 수를 늘리고 있다. 팹랩은 마치 프랜차이즈처럼 보이지만, 하나의 조직이 관리하는 것이 아닌, 각 팹랩들이 완만하게 관계를 맺고 있는 것이 가장 큰 특징이라 할 수 있다. 매년 전 세계의 관계자가 모이는 팹랩 국제회의가 세계 어딘가에서 개최되어 얼굴이 볼 수 있는 관계성을 중시한 활동을 전개하고 있다.

최근 팹랩은 각국에서 급속히 그 수를 늘리고 있다. 늘어나는 팹랩 간의 공통의 이념과 정신을 명확하게 공유하기 위해 '팹랩의 정의'를 둘러싼 논의가 세계 팹랩 회의에서 이뤄진다. 현재 '팹랩에 필요한 4가지 요소'라 할 수 있는 공통 인식을 다음과 같다.[12]

① 일반 시민에게 개방되어 있을 것

팹랩마다 조금씩 다를 수 있지만, 기본적으로 일반 시민이 부담 없이 기계를 사용할 수 있는 장소로서 '시민이 스스로 만들 수 있는 사회'의 실현을 목표로, 무료 또는 금전을 대신하는 교환 조건으로 1주일에 1회 이상 공개되는 것이 요구된다.

② 팹랩 헌장의 이념에 따라 운영할 것

팹랩이라고 불리는 시설은 팹랩 헌장(Fab Charter)을 웹사이트와 시설 내에 눈에 띄는 곳에 게시하고, 이용자에게 주지시키는 것이 요구된다.

③ 일반적인 권장 장비를 갖추고 있을 것

모든 팹랩은 제조의 노하우와 설계 데이터를 공유하고 제조·개량해 나갈 수 있도록 장비를 공통화하고 있다. 이들을 결합하여 거의 모든 것(사람을 다치게 하는 것은 제외)을 만들어 낼 환경을 목표로 한다. 단지 레이저 커터와 3D 프린터만 있다고 팹랩이라 불릴 수 있는 것은 아니다. 추천 기자재는 다음과 같다.

· 레이저 커터 : 종이 및 목재, 아크릴 등의 판재를 절단, 조각한다.

· CNC 조각기 : 가구를 만들기 위한 대형 조각기. 나무 판재를 절단 가공한다.

· 밀링 머신 : 목재, 수지, 금속 등을 절단하는 정밀 밀링. 동판을 절단하고 회로 기판을 만들 수 있다.

· 종이/비닐 커터 : 종이와 커팅시트를 잘라낸다. 마스크나 유연한 회로를 만든다.

· 3D 프린터 : 3D 데이터를 바탕으로 수지 등을 입체적으로 출력한다.

④ 글로벌 네트워크에 참여하고 있을 것

팹 글로벌 회의는 매년 세계 팹랩 관계자가 한 자리에 모여 함께 제조하고, 각각의 활동 내용을 발표하는 자리다. 또한 향후 팹랩과 디지털 패브리케이션의 발전을 논의하는 회의로서 팹랩이 설치되어 있는 국가에서 매년 돌아가며 개최된다.

제9회 팹 글로벌 회의는 지난 2013년 8월 21일~27일까지 7일간 요코하마에서 개최되었으며, 40개국 192명의 참가자가 모여 악기와 일본음식을 공동으로 만드는 등 국경을 초월한 커뮤니케이션이 이루어졌다. 공개된 심포지엄에서는 각국의 대책이 발표되기도 했다.

2014년 제10회 회의는 스페인 바르셀로나였다. 논의되는 내용도 폭넓어졌다. 신규 팹랩 소개, 신기술, 건축에서 도시 계획, 또한 소재의 순환 시스템과 비즈니스 모델 등 다방면에 걸쳐 있다. 선진국 외에 신흥국 역시 마찬가지다. 지역에 따라 풍토와 문화, 그리고 소재가 다르기 때문에 다양성이 넘치고 있다. 팹랩의 모습과 상황은 단

지 하나의 방향으로 집약되는 것이 아니다. 이 회의를 통해 팹랩의
이념과 구체적인 사례를 소개하면서 그 가능성이 제시되고 있다.

  팹랩 활동은 각 지역의 특성이나 운영하는 소유자의 비전을 반영
한 다양한 형태로 이루어져 있다. 개발도상국에서는 와이파이(Wi-Fi)
장치를 제작하여 네트워크를 구축하고, 생활에 필요한 도구를 출력
하는 것과 같이 생활의 일정 부분을 팹랩이 담당하고 있다. 한편 선
진국에서는 제조업을 통한 지역 커뮤니티의 허브 역할을 하고 있는
사례가 많다. 개발도상국, 선진국 모두 커뮤니티에서 조달한 재료를
사용하여, 지역 주민이 물건을 만들고 그것을 사용한다는 지산지소
의 대책이 진행되는 경우가 많다.13 <그림 6>과 같이 팹랩은 교육,
마을 만들기, 비즈니스, 연구개발, 마을공장, 인재육성, 적정기술 등
과 제조를 연결하는 지역에 기반을 둔 글로벌 커뮤니티를 지향한다.

자료 : FabLab Kamakura 홈페이지

<그림 6> 팹랩은 웹을 기반으로 한 차세대 인프라

기존 제조 활동은 개인이나 혹은 기업이 자신들을 위해 제품을 생산하고, 이익을 독점할 수 있다는 장점이 있지만. 개발된 제품을 통한 이익의 확대 및 사회적 이익의 추구, 지속가능한 시민사회 발전에 기여하기 어렵다는 한계점도 있다. 이에 비해 시민들이 팹랩에서 자발적인 참여를 통해 제조된 제품(혹은 상품)들은 전 세계 팹랩 네트워크를 통해 글로벌로 확산되어, 사회적 공헌뿐만 아니라 제품의 혁신(다양한 국가 및 지역에서 활용성 증대)에도 기여할 수 있다. 더 나아가 지구 차원의 지속가능한 팹사회 발전에 기여할 수 있을 것으로 기대된다.

2. 팹랩의 운영체제

1) 다양한 운영 형태

2002년부터 세계 각국에서 본격적으로 가동하기 시작한 팹랩은 인도 농촌, 노르웨이 북부, 코스타리카, 가나, 네덜란드, 독일 등 선진국을 비롯하여 개발도상국에도 설립되어 있으며, 매년 그 수가 증가하고 있다.

전 세계의 팹랩의 운영 형태를 운영 주체별로 살펴보면, 정부·지자체 및 대학·연구 기관이 지원하여 설립된 곳, 대학·전문학교 내의 시설로 운영되는 곳, 지역 커뮤니티 센터가 부수적으로 운영되는 곳, 문화 시설·과학박물관이나 도서관과 일체화된 경우가 있다. 그 외 NPO/NGO나 개인의 노력으로 설립한 곳, 사단법인이나 재단법인으로 설립된 곳, 영리기업이 독자적으로 운영되는 곳 등도 있으며, 각각 독자적인 운영 스타일을 추구하고 있다.

우리나라에서는 팹랩 서울이 2013년 팹 재단(Fab Foundation)에 등록함으로써 국내 최초의 팹랩이 되었다. 팹랩은 팹랩헌장을 지킨다는 조건으로 기 가입된 팹랩의 검증 조사를 거쳐 정식 등록이 허가된다. 팹랩 서울은 스페인 팹랩의 검증 조사를 거쳐 등록이 허가되었다. 이후 한국에서 새로운 팹랩은 기 등록된 팹랩의 검증을 통해 등록되고 있다. 한국의 경우 주로 대학 팹랩이 등록하는 경우가 많으며, 그 외 지자체, 공공기관, 민간기업 등이 등록하는 경우도 있다. 팹랩은 팹랩 헌장을 준수하고, 검증을 거치면 되기 때문에 공공기관형 메이커스페이스도 등록이 가능하지만, 주로 민간형 메이커스페이스가 등록하고 있다.

팹랩 서울은 2013년 SK텔레콤의 지원 아래 종로구 세운상가 5층에 3D 프린터 등 장비를 갖춘 시제품 제작소 'SK 팹랩서울'이 문을 열면서 시작되었다. 이곳은 예비·초기 창업가를 대상으로 시제품 제작 지원하는 역할을 수행하였다. SK텔레콤은 'SK 팹랩서울'을 통해 초기 비용이 많이 소요돼 어려움이 따르는 하드웨어 개발 분야까지 창업 지원의 폭을 확장할 계획이었다. 이후 지금의 팹랩서울로 이름을 바꾸면서 타이드 인스티튜트(고산 대표, 전 우주인)라는 비영리법인을 설립하여 운영하고 있다.

한편, 일본은 2016년 현재 16곳의 팹랩이 설립되었다. 팹랩의 운영 주체의 조직 형태를 분석해보면, 사단법인이 4곳, 주식회사가 4곳, 개인이 운영하는 4곳, NPO법인이 1곳, 공익재단법인이 1곳, 임의단체가 1곳으로 운영 형태가 매우 다양하다. 운영 시간 역시 랩에 따라 다양한데, 일본의 팹랩은 일요일 등 매주 1일 특정 시간에만 운영하는 경우가 많다. 다만 NPO법인 요코하마 커뮤니티 디자인랩이 운영하고 있는 팹랩 간나이는 2015년 12월에 리뉴얼 오픈한 이후, 유일하게 365일 24시간 운영을 하고 있다(이전에는 토, 일요일 12시~19시).

2) 운영 자금 확보

팹랩의 운영·관리 비용은 공작기계의 유지·관리 비용과 임대료, 장소 임대료, 광열비 등이 주요 항목이지만, 그 재원도 운영 형태만큼 다양하다. 우리나라처럼 민간이 설립한 팹랩의 경우, 개인이나 외부 출자(기업, 대학, 지자체 등), 기업의 현물 기부(기증) 등을 통해 설립되곤 한다. 주요 수입원은 유료 회원제, 멤버십 제도 등이며, 그 외 기자재 사용료, 교육 및 워크숍 참가비 등을 통해 운영비를 확보하고 있다.

한편, 일본의 팹랩도 우리나라와 유사하게 회원제에 따른 회비를 징수하고 있다. 그 외에 이용자가실험실의 기자재 이용할 수 있도록 워크숍을 수강하거나, 기자재를 실제로 이용할 때마다 워크숍 참가비와 기자재의 사용 요금(정액이나 시간대 등 팹랩에 따라 다양)을 징수하는 경우도 있다. 한편 기자재 구입비 등을 위한 설비 투자비용은 회비 수입과 더불어 개인과 기업의 출자금, 기자재 업체 등 기업의 현물 기부(기증)와 무상 대여 등을 통해 충당하고 있다. 예를 들어, 팹랩 키타카가야에서는 장소와 설비의 유지를 참여 회원의 연회비로 충당함으로써 자신들이 만든(학습의 공간) 장소는 스스로 확보한다는 생각을 심어주고, 이를 통해 제조에 참여하는 전원이 대등한 관계를 구축하는 것을 목표로 하고 있다.

3) 팹랩 헌장

팹랩 헌장(Fab Charter)은 팹랩의 이념과 정신을 단적으로 나타낸 문장이다. 내용은 아래와 같다.

① 팹랩이란 무엇인가?

팹랩은 지역 팹랩 간의 글로벌 네트워크이다. 사람들에게 디지털 공작기기를 사용할 수 있는 기회를 제공함으로써 개인의 발명을 가능하게 한다.

② 팹랩은 무엇이 하는가?

팹랩은 거의 모든 것을 만들기 위한 설비로서 공통의 기자재를 갖춘다. 이 기자재 목록을 각 랩이 공유하고 발전시켜 나가는 것으로, 랩 간을 넘어 협업 프로젝트를 공유할 수 있도록 한다.

- 기본 장비
  레이저 커터, CNC 밀링머신, CNC 조각기, 종이커터, 전자 공작 기자재 세트, 화상회의 시스템
- 추천 장비
  디지털 재봉틀, 3D 프린터

③ 팹랩 네트워크는 무엇을 제공하는가 ?

팹랩은 네트워크로 연계하여 랩 운영, 교육, 기술, 경영, 사업 계

획 등 각 랩에서 기대하는 것보다 더 큰 협력을 얻을 수 있다.

⑤ 누가 팹랩을 사용할 수 있는가?

팹랩은 커뮤니티의 자원으로서 이용이 가능하다. 사업을 위해 예약한 이용자와 함께 개인에게 열린 장소로도 이용된다.

⑤ 이용자의 의무는 무엇인가?

·안전 : 사람이나 기계를 손상하지 않을 것
·작업 : 청소 및 유지 보수, 랩의 개선 등 운영에 협력하기
·지식 : 문서(문서화)와 가이드라인(사용법 설명)에 기여

⑥ 팹랩 발명은 누구의 소유물인가?

팹랩에서 산출된 디자인과 프로세스는 발명자가 원하는 경우 보호하거나 판매할 수도 있다. 그러나 발명자는 타인이 배울 수 있도록, 산출된 성과물을 공유해야 한다.

⑦ 팹랩의 사업은 어떻게 가능한가?

팹랩은 영리 활동의 시제품 개발과 인큐베이션을 위해 이용할 수 있지만, 영리 활동자는 다른 이용자와 충돌하지 않아야 한다. 또한 팹랩을 넘어 성장하고 성공한 발명자, 기업가가 팹랩 및 팹랩 커뮤니티에 이익을 환원할 것으로 기대된다.

쉬어 갑시다!
메이커스페이스의 활성화 방안

2017년 4월 29일, 서울대 아이디어 팩토리(책임자 : 김성우 교수) 주최로 실시된 '운영자/교육자를 위한 메이커스페이스 워크숍'의 내용을 정리하면 다음과 같다.

메이커스페이스의 활성화 방안은 다음 세 가지로 요약할 수 있다.

첫째, 사람 중심의 메이커스페이스가 되어야 한다. 공간과 장비는 있다고 사람들이 몰려오지 않는다. 메이커스페이스는 장비/기계가 점유하고 있는 공간이 아니고, 떠들고 해보고 실패하고 배우는 곳, 아이디어를 물리적으로 실현하는 곳, 새로운 이야기가 탄생하는 곳이어야 한다. 관리보다 자율이 중요하며 지역사회(캠퍼스)의 필요와 수요에 밀접한 연관성을 가져야 한다.

둘째, 지역에는 누가 있으며, 무엇을 필요로 하는가를 알아야 한다. 메이커스페이스에 오는 사람은 메이커, 창업자, 동아리, 소상공인, 과제하는 대학생, 대학원생, 중고생, 각종 발명가, 타 메이커스페이스 운영자 등 다양하다. 메이커스페이스에 오는 사람들의 수요를 파악하기 위해 설문지, 건의함, 사용자 대표 인터뷰 등을 실시할 필요가 있다.

셋째, 다른 메이커스페이스와의 차별화를 추구해야 한다. 지역사회와 사람들의 수요기반으로 메이커스페이스 구축 운영할 때 자연스럽게 차별화를 이룰 수 있다.

메이커와 메이커스페이스를 기계/장비/관리자 중심으로 바라보면 기계/장비/관리자만 남게 된다. 메이커/사용자들로 북적이게 하려면 메이커스페이스를 차지하고 사용하는 사람의 관점에서 바라보아야 한다. 메이커스페이스에서 가장 중요한 것은 그와 관계된 사람들이 어떤 사람들인지, 뭘 원하는지를 이해하고 뒷받침하는 데이터의 확보다.

한편, 메이커스페이스의 구축 절차는 다음과 같다. 메이커스페이스의 구축하기 위해서는 먼저 성공적으로 운영하는 곳을 벤치마킹(방문하여 보고 느껴라)해야 한다.

① 사전 조사 : 타 공간 방문, 워크숍/포럼 참석
② 수요 조사 : 인터뷰, 설문조사, 전문가 의견수렴
③ 문제 정의 : 비전, 구체적 목표 설정
④ 사용자 요구사항 목록 정의 : 뭘 원하는가?
　　·메이커, 학생, 관리자, 기부자, 기관장
⑤ 대안 도출 : 공간 설계, 장비 구축, 운영
⑥ 시공
⑦ 운영
⑧ 점진적 개선

메이커스페이스를 운영할 때 고려해야 할 요소는 다음과 같다.

·장비 : 사용자 의견을 반영하여 장비를 구입하며, 망가진 장비는 즉시 수리해야 한다.
·운영 : 반복되는 질문은 홈페이지를 활용하며, 관리자는 누구나 볼 수 있는 곳에 위

치해야 한다.
- 안전 : 안전사고 예방조치(교육, 후조치 수단 비치, 문화), 안전교육(안전교육 이수해
  야 출입등록 가능)
- 환경 : 좋은 사람들이 모이면, 그 공간은 저절로 좋은 공간이 된다(배순훈 전 장관)
  해커톤/메이커 톤 대회, 지역연계 메이커 활동
- 커뮤니티 : 운영자와 이용자 간 원활한 커뮤니케이션, SNS 등을 통한 상시 대화 통
  로를 마련한다.
- 소속감 : 스스로 청소하는 분위기, 장비를 아끼는 분위기를 조성한다.
- 문화 : 메이커스페이스는 매우 복잡한 공간이며, 사람/장비로 끊임없이 이슈가 발생
  한다. 모든 사항을 관리자/운영자가 제어하기 어렵다. 따라서 메이커스페이스
  를 이용하는 사람들의 자율이 중요하다, 관계된 조직/파트너/지역사회의 도움
  을 받아야 한다.
- 교육 : 체계 있게 만들 수 있는 법을 가르쳐야 한다.
- 지역사회 : 프로젝트/창업캠프 발표대회, 대학 간 협력이 중요.
- 데이터 : 많을수록 좋다. 설득의 근거가 되며, 결정과 계획의 기초 자료이다.
- 예산 확보 : 멤버십 가입비, 행사 개최(포럼, 심포지엄 등), 교육, 공간 대여, 시제품
  제작 지원, 정부지원(일반에 개방하는 조건을 따를 경우)
- 예상하기 어려운 비용
  - 높은 장비 수리비, 시설 공사비
  - 이벤트 비용, 메이커톤, 해커톤, 방문객 투어 진행
  - 컴퓨터 구입, 소프트웨어 라이선스 비용
  - 재료비, 분실되는 핸들 툴들, 각종 인건비 등

3. 팹랩의 특징

1) 현실과 가상을 융합한 네트워크

팹랩은 어린아이, 학생, 퇴직한 시니어, 엔지니어, 디자이너, 장인,
연구자 등 다양한 배경을 가진 시민이 자유롭게 모이고, 자유로운
발상·아이디어를 실제로 제조할 수 있는 오픈 워크숍 공간이며, 얼
굴이 보이는 네트워크를 형성하는 '리얼한 장소'이다.

팹랩에서는 'Learn(도구의 사용법을 배워)' → 'Make(도구를 가지
고 실제로 만들기)' → 'Share(성공이나 실패 체험을 타인과 공유한

다)'를 글로벌 공통의 기본적 순환 주기로 인식하고 있다. '팹랩은 장비 대여 장소가 아니라 모인 사람들이 함께 물건을 만드는 장소'라는 발상으로 운영된다. 랩에 모이는 사람들이 실제 프로젝트를 통해서, 서로 다른 배경을 뛰어 넘어 느슨하게 연결되어, 서로 가르치면서 배우는 것이 특징이다.

디지털 데이터를 바탕으로 3D프린터 등 디지털 공작기계를 이용하여 제조하는 '디지털 패브리케이션'은 개인에 의한 제조를 가리키는 '퍼스널 패브리케이션'으로 불리는 경우가 많다. 그렇지만 팹랩에서 디지털 패브리케이션은 공동 창작에 의한 제조를 가리키는 '소셜 패브리케이션'쪽에 더 가깝다. 다시 말해 팹랩은 'DIY : Do It Yourself(자신이 만드는 것)'에서 'DIWO : Do It With Others(함께 공동 창작)'으로 발전을 지향하고 있는 것이다.

2) 세계의 팹랩을 연결하는 글로벌 네트워크

팹랩 안에서 시민들이 완만하게 연결되어, 전 세계가 연계하는 글로벌 네트워크가 팹랩의 중요한 특징이다. 이 글로벌 네트워크는 설계 데이터의 공유 등 인터넷으로 연결될 수 있는 디지털 패브리케이션의 특성을 충분히 활용한 '가상 공간'으로서의 측면을 가지고 있다. 즉 팹랩에서는 웹 환경을 활용하여 제조에 관한 지식·노하우와 디자인 등을 세계적으로 공유하는 활동이 일어난다. 바꾸어 말하면, '오픈 소스화'에 대응하고 있다. 앞에서 살펴본 바와 같이, 이를 가능케 만드는 인프라로서 공통의 권장 기자재를 갖추고 있다. 그리고 실제로 이 활동에 협력·참가하는 것이 팹랩의 명칭을 사용하기 위한 조건이기도 하다. 또한 세계 속의 팹랩 관계자가 한자리에 모이는 장소로서 세계 팹랩 회의가 년 1회 전 세계 어딘가에서 개최되고 있으며, 글로벌 네트워크의 면대면(Face to Face)의 '리얼한 장소'가 되고 있다.

3) 현실 공간과 가상공간을 최적 결합한 네트워크 구조

이처럼 팹랩에서는 디지털 패브리케이션의 특성을 살린 웹 환경 하에서의 오픈 소스화 추진으로, 전 세계 팹랩이 가상의 느슨한 네트워크로 연결되어 있다. 물론 팹랩은 DIWO을 위한 대책이나 세계 팹랩회의 개최 등 얼굴이 보이는 리얼한 장소의 구축에도 충분한 주의를 기울이고 있다. 가상의 장소와 리얼한 장소를 최적 융합시킴으로써 지역 및 글로벌 차원에서 지식 및 창의력의 결집을 추구하고 있는 점이 주목된다.

팹랩의 네트워크를 사회적 자본론에 적용하여 설명하면, 지역 차원에서는 개별 팹랩 내에서 인적 네트워크의 긴밀성을 완만하게 높였다. 더 나아가 글로벌 차원에서는 세계의 다양한 팹랩을 중개하는 소셜 자본이 국경을 넘어서 구축되는 데 성공했다고 말할 수 있다. 그리고 팹랩에 모이는 사람들과 전 세계의 팹랩에서 팹랩 헌장이 공통의 근거가 되어 있으며, 이것이 완만한 제조 공동체의 일치단결을 다지는 역할을 맡고 있다고 생각된다.

4. 디지털 패프리케이션 시설의 종류

퍼스널 패브리케이션의 활동을 지원하는 장소로서 디지털 패브리케이터가 설치된 메이커스페이스(Makers Space) 시설은 세계적으로 확산되고 있다. 메이커스페이스는 3D 모델 파일과 다양한 재료들로 소비자가 원하는 사물을 즉석에서 만들어(printing)낼 수 있는 작업 공간을 말한다.[14] 그 중에서 온라인사이트(Instructables.com / Lynda.com), 커뮤니티(헤커 스페이스), 팹랩, 테크숍(Tech Shop) 등 민간의 자율적 메이커 활동이 활발해지고 있다. 팹랩은 테크숍(Techshop)과 같은 민간주도의 창작공간의 창작 공간으로 분류할 수 있다(표 2참조).

<표 2> 민간 차원의 디지털 패브리케이션 지원 시설

구분	주요 특징
테크숍	멤버십 기반으로 운영되는 영리 기관으로 대형 공장에서 사용하는 각종 첨단 공구 및 시제품 제작 교육 프로그램 제공
팹랩	MIT대학에서 시작된 대학 및 지역 중심의 창작공간으로, 글로벌 네트워크를 통해 제품 설계 과정을 DB형태로 공유, 시제품 제작 활성화

메이커스페이스의 대표 예인 테크숍은 2006년 캘리포니아 실리콘밸리의 거의 중심부에 위치한 멘로파크에 설립된 DIY를 위한 디지털 패브리케이터 공용 공방이다. 2006년 실리콘밸리 설립 후 3개국 13개 지점으로 확대되고 있다. 트위터의 창업 멤버이기도 한 잭 도시(Jack Dorsey)가 테크숍에서 결제시스템 '스퀘어(Square)' 장치의 프로토타입을 시제품으로 만들어 창업한 것으로도 알려져 있다. 제조업을 하고자하는 사용자를 대상으로 아이디어를 형태로 만들거나

협업 상대를 찾는 등 교류가 가능한 커뮤니티 공간으로 설계되어 있다. 유료 회원이 되면 목공 기계 공작, 용접, 절단, CNC 가공 등의 설비를 사용 할 수 있으며, 디자인·제작서비스, 퇴역군인·청소년 교육 등 다양한 프로그램 등도 참여할 수 있다. 또한 포트(Ford), GE, 후지쯔 등 글로벌 제조기업과 제휴하여 제조서비스 및 교육 제공하고 있다.

팹랩에서는 어린이부터 전문가까지 서로 가르치고 배워가면서 연계하여 제조를 하고, 그 자리에 사람들이 직접 모여 지역 커뮤니티의 허브가 되는 경우도 있다. 또한 각지의 팹랩의 웹 카메라는 세계 각국에 서로 연결되어 있어 팹랩이 지금 무엇을 하고 있는지를 관찰할 수 있다. 따라서 팹랩은 디지털 기계를 갖춘 시민 공방의 명칭일 뿐만 아니라, 글로벌 네트워크이기도 하다.[15]

한국에선 메이커스페이스(Maker Space)란 용어로 제조에 필요한 도구와 장비를 갖춰놓은 작업 장소를 설명한다. 그 사례로는 미국의 테크숍, 팹랩, 중국의 시드 스튜디오(Seeed Studio), 일본의 DMM 메이크 아키바(DMM.make AKIBA) 등을 들고 있다.[16]

중국의 시드스튜디오(Seeed studio)는 2008년 중국 심천에 설립한 후 미·중 2개 지점으로 확대되고 있다. 공장형 제조기업으로 소량 생산이 가능하고, 온라인 부품 마켓 및 매뉴얼 공유플랫폼 등을 제공하는 특징이 있다. 일본의 DMM.메이크 아키바는 2014년 일본 최대의 전자상가인 아키하바라에 설립되었다. 일본의 특징은 전기·전파 계측 등 각종 시험부터 시제품 제작 및 소량생산, 법인등기 등 각종 사무 서비스 제공 및 벤처제품 진열, 기업-스타트업 협력 플랫폼 제공한다는 점이다.

한편, 한국에는 2017년 3월 현재 10개 유형의 메이커스페이스 138개소가 존재하고 있다.[17] 유형을 보면 셀프제작소/시제품제작터, 자체랩, K_ICT 디바이스랩, 콘텐츠코리아랩, 거점형 무한상상실, 창업공작소, 아이디어팩토리, 3D프린팅 지역거점센터, 민간 메이커스페이스, 창조경제혁신센터 등이다. 이중 민간 메이커스페이스는 32개, 공공 메이커스페이스는 106개이다. 팹랩은 민간 메이커스페이스로 분류되고 있다.

5. 팹랩과 메이커 운동의 공통점

1) 버추얼과 리얼의 양면을 잘 활용한 네트워크 구조

2012년 출판된 '메이커스(MAKERS)'의 저자 크리스 앤더슨(Chris Anderson)이 주창한 '메이커 운동(maker movement)'은 팹랩의 사상과 일맥상통하고 있는 점이 많다. 앤더슨 따르면 메이커 운동은 물건을 만드는 기계의 혁명, 컴퓨터 혁명(정보 혁명)에 이어, 3번째 산업 혁명으로서 디지털과 제조(패브리케이션)가 결합된 혁명이다.

그의 견해에 따르면, 디지털 패브리케이션의 진화에 따라 기술 아이디어를 공개하고, 인터넷 커뮤니티를 이용하여 오픈 이노베이션 하에서 제품화를 빠르게 진행할 수 있다. 아이디어와 노트북만 있으면 누구나 메이커(물건을 만드는 사람들)가 된다는 것이다. 이는 시민 누구나 디자인의 오픈소스화 등 공유·공창에 의한 디지털 패브리케이션에 대응하는 것을 목표로 하는 팹랩의 견해와 매우 유사하다고 말할 수 있다.

자신의 취미 때문에 메이커가 되려는 사람이 대부분이다. 그 중에서 창업하는 사람들도 나타나고 있다. 팹랩도 마찬가지라 여겨진다. 실제로 앤더슨은 소형 무인기 '드론'을 개발 및 판매하는 미국의 3D로보틱스를 2009년 창업하고 자신의 생각을 실천하고 있다.

메이커는 디지털 패브리케이션과 네트워크 커뮤니티를 사용하기 때문에 장소를 가리지 않는 경향이 있다. 그렇지만 앤더슨에 따르면, 메이커의 거점 도시 지역에 집중하는 경향이 있다. 이는 제품 아이디어를 가진 사람 및 그것을 실현하는 디자인 기술을 가진 사람들이 도시에 많이 살고 있기 때문이다. 인터넷이라는 가상 네트워크를 충분히 활용하면서도 창의적인 아이디어나 디자인 기술을 가진 사람들은 거주하는 도시의 생생한 장소에서 자발적으로 협업을 넓이고 있다. 가상과 리얼의 양면을 잘 활용한 네트워크 구조도 팹랩과 공통되는 점이다.

2) 대기업과의 접점 확대 가능성

팹랩과 마찬가지로 메이커도 생산자(기업)와 소비자(시민)를 분단한 대기업 중심의 제조를 시민들에게 개방하여, 대기업의 하향식(Top Down)의 혁신으로부터 누구나 참여할 수 있는 상향식(bottom Up) 혁신으로의 전환을 표방하고 있다. 향후 팹랩과 대기업의 접점이 늘어날 가능성이 높을 것으로 전망된다.

미국 GE와 피앤지(P&G) 등 일부 대기업에서는 '클라우드 소싱'의 활용으로 자사의 사양을 공개하며, 디자인을 공모하는 움직임이 생겨나고 있다. 이런 흐름 속에서 대기업은 기술 플랫폼을 오픈소스화하고 있다. 팹랩과 메이커가 이에 화답하여, 생활인·사용자 시점의 제품을 개발하고, 대기업이 대량 생산하는 새로운 협업 모델이 생겨날지도 모른다. 이는 지금은 분단되어 있는 대기업과 팹랩, 메이커 사이에 완만한 네트워크를 연계하는 것을 의미한다.

정보통신, 환경·에너지, 생명 과학 등 최첨단 과학기술을 활용한 혁신은 대기업의 연구 개발 부문이 주로 담당하고 있다. 이들 기술 영역은 당분간 팹랩과 메이커스로 대체되지 않고, 대기업 주도의 혁신이 앞으로도 중요한 위치를 차지하리라 생각된다. 예를 들어 반도체 산업은 양산 단계에서 거액의 투자를 필요로 하는 설비 집약형 산업이다. 프로세스 기술 등의 연구개발 단계의 가장 비싼 시제품 라인에서 평가가 필요하기 때문이다. 인재나 자금 등 연구 개발을 위한 자원을 많이 보유한 반도체 업체와 제조장치 업체 등 대기업이 혁신을 추진하는데 주도적 역할을 한다.

1. 일본의 팹랩 가마쿠라[18]

1) 일본 팹랩의 역사

2010년 시점에서 동아시아에는 단 하나의 팹랩도 설치되어 있지 않았다. 2010년 봄부터 게이오대학의 다나카 히로야 교수가 발기인이 되어, 디자인, 편집, 건축, 패션, 엔지니어링, 편집자, 변호사 등 장르를 초월한 인재가 뜻을 모았다. 이러한 움직임에 따라 일본 내에서 팹랩 설립을 목표로 준비를 진행하기 위한 임의단체, 팹랩 재팬(FabLabJapan)이 발족되었다. 2010년 5월 개최된 'Make : Tokyo meeting 05'에서 팹랩 재팬의 설립을 선언하고, 제조 지식 공유, 도구의 소개, 노하우 전달, 워크숍 등을 개최하며 '팹랩'의 이념을 사람들에게 전하는 활동을 시작했다.

이후 팹랩 재팬은 2011년 간사이에서 열린 'DESIGNEAST 01', 도쿄에서 개최된 'TOKYO DESIGNERS WEEK2010'(이하 TDW) 등 각지의 이벤트에 적극적으로 참여하고 팹랩의 알림 및 지원 회원

모집에 노력했다. 2011년 TDW에서는 화물용 컨테이너에 레이저 커터, 3차원 프린터 등의 공작기계를 들여놓고, 행사기간 중에 카페를 만든다는 시도가 이루어졌다. 일반 디자인 전시회에서는 완성된 공간을 방문객들에게 제시하지만, 그러한 개념에 얽매이지 않고 팹랩 부스에서 의자, 조명, 식기 등을 실시간으로 제작하여 그 활동 취지를 표현했다. '건설'과 '사용'을 라이브 공연과 같이 제시함으로써 지금까지의 개념을 깨려는 시도였다. 여기서 제시된 것은 예술 표현이 아니라 일상 속에 있는 퍼스널 패브리케이션, 즉 "스스로 만든다."라는 선택지다. 이런 활동은 광의적으로 전개되어 세계 팹랩 시찰 여행과 '팹나이트(FabNight)'라는 스터디 그룹, 토크 이벤트 개최로 이어지며 커뮤니티를 형성하여 나갔다. 이러한 활동을 통해 일본의 팹랩의 본연의 자세·조직 및 운영형태·지속성 등에 대해 논의를 거듭했다. 이런 노력 끝에 2011년 5월 동아시아 최초, 즉 일본 최초의 팹랩이 가마쿠라와 츠쿠바에 개설되었다. 그리고 2012년 2월 팹랩 시부야(FabLab Shibuya), 2013년 1월에는 팹랩 기타가와야(FabLab Kitakagaya), 2013년 5월에는 팹랩 센다이(FabLab Sendai)가 오픈한다. 현재는 그 외에도 일본의 각 도시에서 팹랩 설립을 위한 논의가 진행되고 있다.

팹랩 재팬은 2010년 5월 설립 이후 2년 반에 걸친 활동을 통해 '굿 디자인 상'과 '일본의 코크리에이션 어워드 2012'를 수상했다. 팹랩이 제창하는 '만드는 문화'와 '만드는 기술'을 넓혀가는 데에도 일정한 성과를 달성했다. 이러한 상황에서 팹랩 재팬은 당초의 목표를 달성했다고 생각하고, 새로운 단계로 이동하기 위해 2013년 1월 4일부터 팹랩 재팬 네트워크(FabLab Japan Network)로 명칭을 변경

한다. 지금까지의 팹랩이 독립적인 운영 체제하에 독자적인 활동을 해왔다면, 팹랩 재팬 네트워크는 '국내외 팹랩 및 제조 활동을 연결하는 네트워크'로서의 모습을 검토하며, 탑다운(하향식)이 아닌 평면 프레임워크로 다시 시작한 것이다. 전 세계의 팹랩이 주로 민간의 힘으로 자발적으로 탄생한 것과 비교해 볼 때, 일본은 처음부터 다양한 이해관계자가 모여 일본 내 팹랩 네트워크를 만들었다. 이를 통해 일본 팹랩의 목표와 지향점을 공유하면서 체계적으로 운영되어왔다는 점에서 우리나라에도 시사하는 바가 크다.

2) 팹랩 가마쿠라

(1) 일본 내 팹랩의 최초 설치 장소로 가마쿠라(鎌倉)를 선택한 이유

2010년 팹랩 재팬 섭립 후 "일본에서 처음 팹랩을 어디에 둘지?"란 고민의 답으로서 접근하기 쉬운 도쿄가 유력했던 가운데서도 굳이 가마쿠라라는 지역을 택한 의도가 있다. 그것은 일본의 각 지역에서 팹랩이 늘어날 것을 처음부터 고려한 것이다. 팹랩은 지역에 뿌리를 내리는 역할을 담당하고 있기 때문에, 지역성이 반영된 랩(Lab) 본연의 자세가 매우 중요하다. 그래서 일본 문화와 역사가 남아있으면서도 장인과 새로운 크리에이터 등을 통해 제조의 정신이나 커뮤니티가 계승되는 지역으로서 가마쿠라가 선정된 것이다. 그리고 팹랩 가마쿠라(https://www.fablabkamakura.com)의 공동 설립자인 다나카 히로야와 와다나베 대표 등이 논의를 거듭하며, 가마쿠라 지역 내 거점 찾기가 시작된다. 결국 2011년 4월 아키타에서 이축되어 건축된 지 125년이 지난 양조장의 일부를 빌릴 수 있었다.

이렇게 동아시아 최초의 팹랩은 일본의 풍토와 기술을 계승해, 새로운 요소와 가치를 더하고 있는 전 양조장에서 첫 걸음을 내디뎠다.

예를 들어, 보와 미닫이, 도마 등 소재가 노출되어 있는 공간은 지금은 드물다. 옛날부터 생활해 온 시간의 흔적 위에 인류의 삶이 있다는 인식하에, 디지털 패브리케이션과 손의 느낌을 더욱 고차원으로 융합시켜 새로운 영역을 개척해 나가는 것을 팹랩 가마쿠라는 목표로 하고 있다. 팹랩이 주장하는 21세기형 '퍼스널 패브리케이션'은 전문화된 20세기보다 훨씬 거슬러 올라간 과거, 아직 다양한 직능이 미분화인 상태, '제조의 종합성'이 유지되고 있던 시대의 정신을 새로운 방식으로 복원하여 재획득하는 활동이기도 하다. 혁신은 지금까지 다른 분야였던 장르가 만나 융합하는 과정에서 생기는 것이기 때문이다.

팹랩 가마쿠라의 설립 즈음하여, 세계 팹랩의 사례 중에서도 특히 네덜란드 암스테르담의 랩이 도움이 되었다. 팹랩 암스테르담은 중세로 전해오는 고성을 활용하여 '예술 길드'라는 장인이 수리하면서 공작 시설로 사용되어져 왔다. 현재는 네덜란드 예술, 디자인, 과학, 기술 등 폭 넓은 분야의 연구와 개발을 지원하는 'waag society(바그 소사이어티)'란 조직이 공작 시설을 운영하고 있다. 이러한 사례에서 알 수 있는 바, 양조장과 고성과 같은 장소 역시 오랜 세월이 흘러도 여전히 콘텐츠와 시대의 요구에 따라 버전업되며 사용될 수 있다.

이와 같은 팹랩 암스테르담의 운영 철학에서 일본 역시 전통의식을 바탕으로 자국의 특징을 제시해 가는 것이 결과적으로 결속력이 있는 랩(Lab)이 될 수 있다고 판단했다. 이는 참여하는 사람들과 함께 이전까지 없었던 가치관을 만드는 경우에도 매우 중요하다. 결속력이 있는 커뮤니티 형성을 위해 참가자의 자주성 향상이 필요한 것이다.

(2) VISIONS : 팹랩 가마쿠라의 5가지 비전

일본에서도 개인의 욕구나 필요, 야망에 뿌리를 둔 '제조 프로젝트'를 시작하는 사람들이 늘어나고 있다. 기업, 조직의 일원이 아닌 '개인'으로서 독특한 시각, 심지어는 제품 개발과 사업을 처음부터 유일한 목표로 하지 않는다는 자유로운 발상에서 확장되기 시작한 특징일지 모른다. "만들고 싶어서 만든다.", "없기 때문에 만든다." 등 개인적으로 시작된 동기는 사람마다 다르다. 그런 개인적이고 개방형 제조를 새로운 일본 문화로 정착시켜 나가기 위해 팹랩 가마쿠라는 일상적 활동으로 진화하고 있다. 팹랩 가마쿠라의 5가지 비전은 다음과 같다.

① 세계와 함께 성장한다.

팹랩은 개인이 모든 것을 사고 갖추는 것이 어려운 다양한 디지털 공작기기가 갖추어, 이를 사용하여 작업 공간을 확보하고, 그리고 만들기 위한 지식을 교환하고 공유할 수 있는 실제적인 실험 공방이다. 팹랩은 2002년 미국 MIT대학의 외부 연구에서 시작되었다. 현재 각국의 각각의 실험실은 독립적으로 운영하고 있으며, 세계 100여 개국 1,000개를 넘겨 풀뿌리로 확대되고 있다. 큰 조직이 관리하고 있는 것이 아니라 느슨하게 이어지는 세계적인 네트워크와 제휴하면서 제조를 하고 있는 것이 가장 큰 특징이다. 팹랩을 플랫폼으로 창조적 학습 환경을 구축하고 글로벌하게 활약하는 인재를 육성하면서, 새로운 가치를 발견하는 활동을 목표로 하고 있다.

② 일본이기에 가능한 것, 해야 할 것을 가마쿠라에서 발신한다.

팹랩 재팬이 뜻을 같이하는 네트워크로 출범한 1년 후인 2011년 5월, 가마쿠라와 츠쿠바의 2개소에 일본 최초의 팹랩이 오픈했다. 이미 하드웨어 실험 공방이 있었던 곳에 설립된 츠쿠바와 달리, 거점 지역으로 가마쿠라를 선택한 것은 학문적으로 기술론에서 거론되는 디지털 패브리케이션에 사회적, 문화적 맥락과 깊이를 부여하였기 때문이다. 또한, 지역에서 세계로 이어지는 제조를 실천한다는 설립 이념에 부합했기 때문이도 하다. 일본에서 해결해야 할 과제들의 활로를 가마쿠라에서의 실천을 통해 찾아간다.

③ 21세기형 학습 환경을 만든다

세계 100개국 1,000개소 이상으로 확대되는 네트워크를 플랫폼으로 삼아, 팹랩 가마쿠라에서는 디지털 패브리케이션 기술을 이용한 인재 육성 사업을 적극 실시하고 있다. 어린아이부터 어른까지 폭넓은 세대에 대응하기 위한 시스템, 개인 및 기업용 프로그램, 기업 연수나 공동 개발, 지역과 지역을 초월한 강화 합숙, 웹 환경을 최대한 활용한 대처 등 다양하다. 21세기형 학습 환경에서 소프트웨어와 하드웨어 기술을 접목시켜 종합적인 기술력을 익히고, 문제 해결 능력을 키워 나가는 것이 매우 중요하다. 활동을 통해 연대와 국적을 불문하고 다양한 과제를 창의적으로 해결하는 혁신이 국내외에서 펼쳐지는 사회가 될 것을 목표로 하고 있다.

④ 상호 이해를 촉진시켜, 새로운 시대를 '만드는 사람'을 늘린다.

제조업의 지식을 익히는 것으로, 새롭게 드러나는 세계가 있다.

그것은 시대를 넘어, 만든 사람의 마음과 기술의 가치를 더 깊이 이해하는 상상력이다. 많은 사람들이 "물건을 만들 수 없다"는 것이 아니라, 물건을 만들기 위한 "만드는 공간과 기회가 없었을" 뿐 일지 모른다. 지금까지의 기존 관념에 얽매이지 않고 자유로운 발상으로 기술과 네트워크를 활용하여 '만드는 사람'을 늘려 나가고 있다. 아이디어를 형태에 있는 구현 능력을 가진 사람들은 더 나은 사회를 만드는 기반이 될 수 있다.

⑤ '디지털'을 극대화

디지털 기계를 사용한 제조는 기존의 민예와 수공예, 혹은 콜라보레이션과는 어떻게 다른 것일까? 그 대답은 크게 3가지가 있다. 첫 번째는 반복성. 시제품 제작비용과 기간이 크게 줄어듦에 따라 피드백이 더 빠른 속도로 가능하게 된 점. 두 번째는 머신 메이드 특유의 미세한 매개 변수의 설정으로 개인 요구에 대응할 수 있는 점. 세 번째는 설계 데이터와 제작 방법의 오픈 소스화된 점이다. 이러한 디지털화된 제조(디지털 패브리케이션)를 통해 금형을 필요로 하지 않는 적정량 및 변량 생산이 가능하게 될 것이다. 이런 디지털의 가능성을 팹랩 가마쿠라는 극대화해 나가고 있다.

(3) 팹랩 가마쿠라의 역할

팹랩 가마쿠라는 설립 초기부터 일본 국내에서의 유사 시설 증가를 포착하여, 팹랩 가마쿠라가 해야 할 역할을 '팹랩을 이용한 학습 프로그램의 구축', '차세대 엔지니어의 육성', '글로벌 학습 환경의 창출'이라고 정의하였다. 사람은 어떻게 배우고, 그 행위를 계속하는

가? 이들을 실현시키기 위한 요소는 무엇인가? 기자재나 개방 시설의 본연의 자세는 무엇인가? 어떻게 사람이 모여 아이디어를 발전시켜 나가는 학습 환경을 실현해 나갈 것인가? 팹랩 가마쿠라에서는 다음과 같은 세 가지 역할이 완만하게 연결되면서 이러한 활동이 이루어지고 있다.

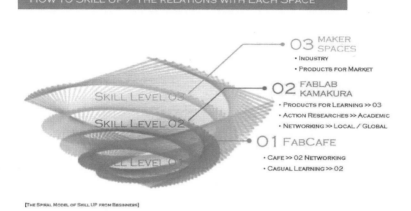

자료 : Watanabe Yuka(2016)

<그림 7> 스킬 수준과 사용자와의 시설관계도

<그림 7>은 제작자의 스킬과 장소의 관계성을 나타낸다. 레벨 1은 도입, 레벨 2는 학습, 레벨 3은 시장으로, 팹랩을 포함한 다양한 시설의 특징을 크게 3가지로 나눈 것이다. 팹랩 가마쿠라에서는 학습자가 레벨업해 나가기 위한 새로운 학습과 환경의 본연의 자세를 연구하고, 프로그램의 개발과 실천에 주력하고 있다. 아래서 팹랩 가마쿠라가 겪었던 시행착오와 구체적인 실천 사례를 소개한다.

① 커뮤니티 랩 : 아침 팹

팹랩 헌장에 기재되어 있는 오픈 랩 방식은 각 실험실의 운영에 따라 다르다. 현재 팹랩 가마쿠라에서는 오픈 랩을 월요일 오전 9~12시라는 시간으로 설정하고 있다. 이러한 형태가 정착되기까지 여러 번의 시행착오가 거듭되었다. 2011년에는 오픈 랩을 주말로 설정했다. 그러나 '이용하기 쉬운' 환경이 반드시 학습 환경으로 유리한 것은 아니었다. 학습자는 단순한 기자재 이용자가 되어 버려, '팹랩은 무료로 기자재가 가능한 곳'이라는 잘못된 인식하에 일회성 이용자가 늘어나는 현상이 발생했기 때문이다.

어떻게 하면 한 번이 아니라 100번 와서 배우고 싶어지는 장소가될 수 있을까. 모인 사람들이 자발적으로 배우고 만드는 커뮤니티를 형성하려면 어떤 요소가 필요한지를 재검토하고, 정책을 변경했다. 먼저 웹에 활동 이념을 세밀하게 공개함으로써 사전에 운영자와 참가자의 의식 차이를 해소해 나갔다. 오픈 랩의 실시 날짜를 주말에서 월요일 오전 9시로 변경했다. 또한 팹랩의 청소 및 유지 관리에 참여하는 이용자에 한하여, 10~12시 사이에 랩을 사용할 수 있는 형태로 바꾸어 현재까지 유지하고 있다. 이러한 변경의 효과는 컸다. 동일한 세대에 치우치지 않고 10세 이하부터 70대까지 폭 넓은 연령층이 모여, 서로 배우는 장소로서 활용되고 있다.

커뮤니티 랩에 대해 세부적으로 살펴보면, 팹랩 가마쿠라는 지역의 개방형 실험실로서 주 1회 일반에 공개되고 있으며, 지역 주민과 관련하여 어떤 요구가 있는지를 조사하고 있다. 또한 대화만을 위한 교류가 아니라 '제조'를 통한 커뮤니케이션을 통해 세대, 국경, 직업

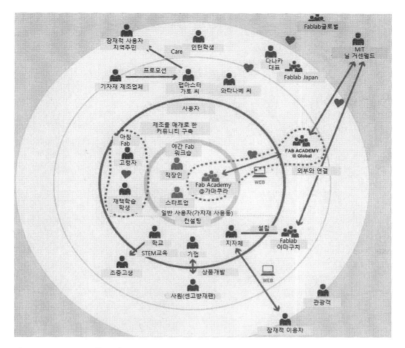

자료 : Takana Hiroya(2015)

<그림 8> 팹랩 가마쿠라의 이해관계자 맵

영역을 넘는 자연스러운 교류를 촉진하고 있다. 팹랩의 운영을 지원
하는 사람에게 장비를 개방하는 등 운영자와 이용자의 구별이 없는
관계를 구축하면서 참여자 간 교류를 강화하고 있다.19 팹랩 가마쿠
라의 경우, <그림 8>과 같이 다양한 이해관계자로 커뮤니티를 구성
하고 있다. 팹랩은 일반 사용자, 스타트업, 샐러리맨 등이 주축이 되
어 참여하며, 팹 아카데미(FAB Academy)를 통해 글로벌로 연결된
교육을 진행하고 있다. 그 외 학교, 기업, 지자체 등과 연계를 통하
여 다양한 이해관계자의 요구를 만족시키고 있으며, 글로벌 팹랩과

교류를 추구하고 있다.

한편, 센고방이라는 프랑스 유리세공업체(창립한지 350년 된 기업)나 바그 소사이티어(Waag Society)라는 네델란드의 사회적 혁신기관이 팹랩 가마쿠라를 활용하는 사례도 있다. 그 최초의 사례로서 센고반 재팬이 팹랩 가마쿠라에서 일본 현지에 맞는 유리 제품 개발을 위한 테스트 마케팅을 실시한 바 있다. 센고방의 사례는 동영상사이트 유튜브[20]를 통해 소개되었다. 이러한 형태로 기업이 팹랩에 참여하는 것은 처음 있는 일이라 상당히 화제가 되었다. 글로벌 기업이 자사의 제품개발 테스트 마켓으로서 글로벌 팹랩 네트워크를 활용하고 있는 것이다.

② 리서치 랩

팹랩 가마쿠라에서는 오픈 랩 외에도 차세대 개발자 및 교육자 양성 프로그램을 실천하면서 조사, 연구, 실증, 개선을 추진하고 있다. 지식과 더불어 아이디어를 형태로 만들 수 있는 기술은 다가올 팹사회에서 더 가까워지지만, 그 수준에 상당한 차이가 존재한다. 이러한 학습자의 수준을 파악하기 위해서도 실제 체험이 가장 빠르다.

위의 <그림 7>에서 볼 수 있는 것처럼, 팹랩 가마쿠라에서는 단계를 높여가며 스킬업해 나가는 프로그램 개발에 주력하고 있다. 장비의 기본적인 사용법은 물론 여러 장비를 어떻게 조합하여 사용하면 좋은가를 체계화하여, 기초 연습, 응용을 반복한다. 또한 2014년 9월부터 전국의 팹랩에서 참가자를 모집하여, 웹과 지역을 연결하는 원격교육활동도 진행하고 있다. 앞으로도 일본 내 많은 사람들에게 프로그램을 제공해 나갈 것을 목표로 하고 있다.

③ 인큐베이션 랩

팹랩에서는 기계를 이용할 수 있는 환경 프로그램을 제공함으로써 차세대 발명자를 육성해 나가기 위한 지원을 실시하고 있다. 프로토타입 개발을 위한 제작비도 제작자가 노력과 연구를 하면 몇 만원이라는 적은 비용으로 사용할 수 있다. 새롭게 제조 창업을 할 때 기존 은행 대출이나 벤처캐피털의 자금 지원을 받을 수 없었던 경우에도 크라우드 펀딩과 같은 방법을 활용하면 누구나 쉽게 자금을 조달할 수 있는 시대다.

팹랩 가마쿠라에서도 2회 크라우드 펀딩에 도전했고, 모두 성공했다. 이방법은 10년 전에는 생각할 수 없었던 일이었다. 사회의 틀이 고정 관념에 얽매이지 않고 조금씩 확실하게 변하기 시작했다. 팹랩 가마쿠라에서는 앞선 <그림 7>에서 볼 수 있듯이 기술 수준을 단계적으로 나누어 창조적 환경을 촉진시키는 사업 체계 구축을 위해 노력하고 있다. 이는 각 지역의 상황에 따라 조정, 응용할 수 있을 것으로 생각된다. 배우고 성장시키기 위한 생태계는 개인이나 기업, 교육기관, 지자체 등이 독자적으로는 이루어지기 어렵다. 사용하는 기술이 최신의 것이라고 하더라도, 지역 활동의 핵심인 사람과 사람과의 관계 속에서 어떻게 'Learn(배우고)', 'Make(만들고)', 'Share(공유)'하는 보편적인 학습 방법을 순환시켜 나갈 것인가를 고민하고 있다.

쉬어갑시다!
팹랩 카마쿠라 와타나베 유카 대표와의 인터뷰(2017.02.19.)

Q. 일본 팹랩은 어떻게 이루어지고 있나?

A. 일본 팹랩은 16개가 있으며, 토쿄, 후쿠오카는 비즈니스적으로 돈을 벌어야 한다는 의식이 깔려있다. 지방은 비영리로 무료로 운영되고 있다. 정부지원이 단기적, 길어야 3년이라, 운영을 하고 싶어도 더 하지 못하는 상태가 된다. 팹랩이 계속되려면 지속적인 정부지원이 필요하다. 돈 버는 것과 정부지원이 둘 다 이루어져야 한다. 특히 무료로 운영하는 경우 정부의 지속적인 지원이 필수적이다.

Q. 팹랩의 무임승차, 구경꾼 심리 방지를 위한 대안은?

A. 이용자가 팹랩 교육이 끝나고 구체적인 향후 계획이 없이 교육장을 나가는 것을 방지할 필요가 있다. 무임승차, 구경꾼을 방지하기 위해 청소에 동참시키고, 함께 참여하는 의식을 갖추도록 하는 것이 중요하다. 하나가 되는 의식이 필요하다
팹랩 가마쿠라에는 3단계 로드맵이 있는데, 1단계는 제조 시설 소개, 2단계는 팹랩 가마쿠라 교육, 3단계는 메이커스페이스가 궁극적 목표이다. 1단계를 통해 팹랩에 입문한다. 2단계는 교육이 이루어지며, 1단계와 3단계 사이의 가교 역할을 한다. 팹랩 시설만 만들어 두고 이용자들이 알아서 하라고 하면 안 된다. 철학, 이념, 커뮤니티가 중요하다. 첨단기술, 하이테크를 이용해 기술을 이용해 생산하려면 테크숍을 찾으면 되고, 공동체 철학을 공유하고, 참가자 간 커뮤니케이션과 협력을 하려면 팹랩을 찾게 되는 것이다. 그러나 모든 개인 생산자가 팹랩이란 메이커스페이스를 통해 창업을 하거나 전문가가 되길 원하는 것은 아니다. 팹랩 가마쿠라는 일반 대중과 전문 제작자가 공존하면서, 집단지성으로서 협업하는 제조 생태계를 만드는 것을 목적으로 하고 있다. 팹랩은 또한 오픈 교육이 중요하다. 금~일의 풀뿌리 교육을 통해 커뮤니티 외연을 확산하고, 미래의 기반을 다지는 노력이 필요하다. 기업인, 대학생, 연구원도 모두 커뮤니티의 일원이다. 10대~60대에 이르는 여러 세대, 기업에서 민간, 이스라엘에서 일본까지 등등 다양성이 확보되어야 팹랩이 성공할 수 있다.
팹랩은 노인들이 이용하는 경우도 많다. 팹랩의 목적이 돈 버는 것만은 아니다. 메이커스페이스가 모두 돈만을 위해 일하는 것이 아니다. 삶의 질 향상이라는 목적도 있다. 팹랩의 참여자 형태는 여러 가지다. 비즈니스 목적, 취미생활도 있다. 이 중 65세 이상의 참여율이 높다. 노인들의 소일거리, 머리를 사용하기 위해(치매방지용), 있을 곳이 없기에, 파혼했거나 혼자 사는 것 등등 단카이세대[21]의 참여율이 높다. 특히 60~70세 초반의 참가자들 중 다수는 은퇴한지 얼마 안 된 엔지니어들이다. 정년퇴직에 떠밀려 노동 의지를 강제로 꺾인 장년 IT 인력들의 노동력 낭비 해결을 위한 대안적 역할을 제공하고 있다.

Q. 한국에서 미국, 일본 중 어떤 방식을 받아들이면 좋은가?

A. 미국도 좋고, 일본도 좋지만, 국가별 시스템보다는 개인의 창의성을 확보하는 교육 시스템이 중요하다. 미국의 팹랩은 기부, 펀딩, 스폰서 문화가 발달해서, 신기술의 개

발의 발달을 위해서는 5만원, 10만원을 지불하고, 십시일반으로 지원하는 시스템이 일상화되어 있다. 미국은 기술에 대한 헌신과 자발적인 참여가 많고, 초등교육에서부터 대학교육까지 다양한 시스템이 공존하고 있다. 팹랩은 생활 방식, 즉 라이프 스타일의 문제다. 일본만을 따라 하기보다는 다양한 국가의 장점을 흡수하는 것이 좋다. 일본의 경우, 세미나가 열리면 일본인만 88%가 참가하는 경우도 있어 문제다. 많은 사람이 모여서 생각을 공유하는 이문화 교류가 필요하다. 팹랩은 글로벌화해야 한다. 특히 아시아 국가들이 뭉치면 좋다. 이미 일본, 대만, 한국, 동남아, 이스라엘까지 뭉쳐서 아시아 팹랩을 구성하고 있다. 한국만의 장점, 한국만의 커뮤니티 구성 능력도 있을 것이다.

Q. 비즈니스, 취미를 넘어서 어떤 식으로 생활해 나갈 것인가?

A. 청년 같은 경우는 자기 비즈니스를 위해, 자기가 앞으로 구성해 이루어나갈 공동체 생활양식의 기저가 되는 물품들을 생산하기 위해, 자기의 연구를 위한 발명을 위해, 실험을 위해 등 이용하는 방식이 다양하다. 개인의 생활방식, 미래의 청사진을 가지고 이용하는 경우가 많다. 즉, 제조를 통해 자신만의 라이프 스타일을 만들어가는 것이다.

<그림 9> 팹랩 가마쿠라 앞에서
와타나베 유카 대표와 필자

Q. 팹랩 가마쿠라의 손익분기점은?

A. 2011년 5월 팹랩 가마쿠라를 오픈, 2012년 중순에 공동회사로 전환했다. 그 후 3년이 지난 2015년 7월부터 흑자로 전환했다. 월~목은 기업과 B2B(Business to Business)를 통해 운영비를 충당하고, 금~일은 일반인 교육을 하는 수익모델이다. 4일은 비즈니스, 3일은 일반인이 이용하는 형태다. 일반인만 이용하면 수익이 발생하기 어렵다.

쉬어 갑시다!
게이오 대학 다나카 히로야 교수와의 인터뷰(2017.02.21.)

Q. 팹랩 커뮤니티의 미래상은?

A. 팹랩은 단순히 제조 기술만 추구하는 것이 아니라, 기술을 통해 사회를 변화시키는 혁신 모델이다. 즉 팹랩은 기술과 사회가 융합된 모습을 추구한다. 팹랩은 팹 커뮤니티의 연결을 통해 팹시티로 발전하고, 더 나아가 전 세계의 팹시티가 연결된 팹 월드(Fab World)로 진화해 나갈 것이다.

팹랩 커뮤니티의 방향성은 생산자와 소비자가 단순히 물건을 교환할 뿐인 기브 앤 테이크(give and take) 모델에서 모두의 참가를 중요시하는 참여와 공유(join and share) 모델로 이동하고 있다. 이 파워 오브 네트워크(power of network)라는 개념은 그룹이나 커뮤니티 형성의 중요성을 의미한다. 세계 여러 연구 기관과 시설, 집단들이 교류하는 것이다. 멀리서 물건을 수입하거나 하는 행위를 넘어 생산은 로컬에서 하되 아이디어나 설계는 전 세계에 걸쳐 공유하는 방식이 중요하다. 재료는 로컬, 디지털 데이터나 협력은 글로벌이라는 식이다. 트럼프 대통령이 외치고 있는 '로컬 생산' 원칙에도 어긋나지 않을 것이다(^.^).

<그림 10> 게이오대학 SFC연구소에서
다나카 히로야 교수와 필자, 연구원

※ 다나카 히로야 교수 프로필

게이오대학 환경정보학부 교수, 게이오대학 SFC 연구소(http://sfc.sfc.keio.ac.jp/) 소장. 1975년생이며, 북해도 삿포로 출신이다, 교토대학 종합인간학부 졸업, 도쿄대학 대학원 공학계 연구과 박사과정 수료하고 공학 박사 학위를 취득하였다. 도쿄대학 생산기술연구소 연구원 등을 거쳐 2005년 게이오대학 환경정보학부 전임강사, 2008년 동 조교수. 2010년 미국 매사추세츠공대(MIT) 건축학과 객원 연구원. 경제산업성 미개척 소프트웨어 개발 지원사업·천재 프로그래머 슈퍼 크리에이터상(2003), 굿 디자인상 신영역 부문 등 다수 수상하였다. 저서로는 '살기 위한 미디어 - 지각·환경·사회의 개편을 향해서', '팹라이프' 등이 있다. 새로운 제조의 글로벌 네트워크 인 팹랩 재팬의 발기인이며, 2011년 일본 최초로 가마쿠라시에 "팹랩 가마쿠라'를 개설하였다. 2014년 총무성 산하 '팹사회연구회' 위원장을 역임하였으며, 2013 Fab Asia Network 설립하였으며, '팹시티 요코하마 2020계획' 총괄 기획을 담당하였다.

2. 인도의 팹랩 빅얀 아스람

1) 팹랩 빅얀 아스람

팹랩 빅얀 아스람(Vigyan Ashram)은 세계 최초로 설립된 팹랩으로 미국 MIT의 지원을 받아 2002년 설립되었다. 인구 수백 명 정도의 작은 파발(Pabla) 마을에 자리 잡은 빅얀 아스람은 학교와도 같은 팹랩이다. 학생들은 농업에 종사하는 자녀들로 2년의 교육 기간을 갖는다. 빅얀 아스람의 미션은 스스로 기술을 창출할 수 있는 기업가를 육성하는 것이다. 이를 위해서 로우테크(Low-Tech)부터 하이테크(High-Tech)에 이르기까지, 입수할 수 있는 모든 재료와 기술을 활용하여 생활에 필요한 도구라면 무엇이든 스스로 만들어 가는 교육 과정을 갖고 있다.

팹랩은 현지인이 자신의 손으로 물건을 제작하기 위한 공동공작 시설로서 운영되고 있다. 팹랩에서 만들어진 제품은 저수를 위한 비닐 시트, 폴리 하우스, 날씨 데이터 축적기, 태양열 조리기, 자전거를 개조한 발전기, 관수기, 농업기구, 인터넷용 무선 안테나 등 다양한 생활용품이다.

실제로 빅얀 아스람에서 만들어진 것은 우리가 본 적이 있는 어떤 것보다 진기하고 실용적이고 지속적이다. 예를 들면 마을에 저수를 위한 비닐시트를 설치할 때 개나 고양이가 비닐시트 안으로 떨어져 익사하는 문제가 여러 번 발생하자, '동물이 싫어하는 초음파를 발생시키는 장치(전자회로)'를 만든다는 아이디어를 제품화했다. 이는 울타리와 같은 물리적인 장벽을 설치하지 않는다는 점에서 혁신적이다. 제작활동과 새로운 과학기술에서 '문제발견', '문제해결'이라는 솔루션의 형태로 신선한 착상을 불러일으키고, 공감형 제작활동이 불러오는 불가사의한 절충을 통해 실생활에 도움이 되는 결과를 낳는 것이다.

2) 제작자와 사용자 간 분리를 극복

적정기술 개발 초창기, MIT D랩(D-lab)의 '소셜 디자인(Social Design)'은 "선진국에서 만들어진 것을 개발도상국으로 가지고 간다."는 것 외에 다른 모델이 존재한다는 사실을 모르고 있었다. 즉, 개발도상국에서 팹랩이라는 공간을 통해 자체 제작하고, 현지에서 소비한다는 개념이 없었던 것이다.

예를 들어 MIT 미디어랩의 'OLPC(원 랩탑 포 차일드)'는 100달러로 만들어진 랩탑형 PC를 보급한다는 프로젝트였다. 그러나 생각해보면 바로 알 수 있듯이, 선진국에서 제작된 PC를 개발도상국에 보급하는 경우 개발도상국 사용자는 그 내용물(콘텐츠)을 정확히 이해하지 못한 채 사용하게 된다. 그 결과 PC가 고장이 나도 수리할 수 없고, 예상하지 못했던 여러 문제점이 발생할 수 있다. 이는 '만드는 측'과 '사용하는 측'의 비대칭성이 대립하는 형태로 남아있기 때문이다. 그런 면에서 팹랩은 최소한의 공작기기만을 갖추고, 사용자가 직접 시행착오를 거듭하는 제조 과정을 통해 진일보해간다는 생각을 갖는 것이 중요하다. 팹랩은 만드는 사람과 사용하는 사람을 분리하는 것을 극복하려는 활동이다. 이를 실현하는 팹랩의 정신이 '배우고(Learn)', '만들고(Make)', '공유(Share)한다'는 것이다.

인도의 파발 마을에서 무선 안테나(FabFi)[22]를 제작한 소녀를 만났다. "왜 이것을 만들겠다고 생각했느냐?"는 질문에 소녀가 천진난만하게 웃으면서 "웹을 보고 싶었기 때문에"라고 대답한 것을 잊을 수 없다. 아직 인터넷이 보급되지 않는 지역을 네트워크로 연결해야겠다고 생각한 것이다. 이를 위해 저가 무선 안테나를 부착한 라우터로 통신을 중계하여, 패킷릴레이방식의 네트워크를 형성한다. 팹랩의 오리지널 무선 네트워크시스템이다. 현재, 무선 안테나(팹 파이)는 개발도상국의 팹랩을 중심으로 각지에서, 필요한 마을에서 양산되고 있다.[23]

자전거형태의 인력 에너지 장치

팹-파이(FabFi)　　　　　　　　태양열조리기

자료 : 빅얀 아스람 홈페이지(www.vigyanashram.com)

<그림 11> 빅얀 아스람에서 만든 생활용품

최근 빅얀 아스람이 있는 파발과 주변 마을의 많은 차량들은 비닐 절단기로 제작된 번호판이 장착한다. 팹랩에서 번호판을 비롯하여 상장과 모든 기념품을 레이저로 절단, 가공하고 있다. 이러한 스크린 인쇄와 소규모 프로젝트는 팹랩에서 이루어지는 일상적인 작업이 되고 있다.

마하트마 간디의 자급자족 마을에 대한 아이디어는 지역의 요구를 충족하기 위해 지역의 자원을 사용하는 것을 촉발했다. 디지털 제작과 팹랩의 네트워크는 대부분의 제품을 현지서 제조할 수 있고, 관련 지식을 도입하거나 외부로 전파할 수 있다. 이는 지역의 생활 기회와 분산 생산을 가져올 것이며, 더 나아가 도시에서 마을로 고용 기회의 역이동을 촉진시키는 잠재력을 가지고 있다.[24]

3. 한국의 팹랩 서울

2013년 문을 연 팹랩 서울(fablab-seoul.org)은 우주인 고산 씨가 대표로 있는 (사)타이드인스티튜트(TIDE Institute)가 설립한 비영리 공공제작소다. 아이디어를 실제 작품으로 실현시킬 수 있는 이곳은, 공공도서관처럼 누구나 쉽게 찾아와 이용할 수 있는 제조 플랫폼을 표방한다.

팹랩 서울은 과거 대한민국 최초의 주상 복합건물이자 국내 유일한 종합 가전제품 상가로서 호황을 누렸던 서울의 명물 세운상가에 위치하고 있다. 이는 세운상가라는 지역의 잠재력과 가능성을 보고 설립된 것이다. 가장 오래된 제작을 상징하는 이 공간에서 현재 가

자료 : 팹랩 서울 브로슈어(2017)

<그림 12> 팹랩 서울

장 최첨단의 제작기법을 접목했다는 의미를 가지고 있다.

　팹랩 서울의 또 다른 특징은 메이킹 룸(Making room)의 중앙에 위치한 스크린 모니터를 통해 전 세계적 네트워크를 구축하고 정보를 교류할 수 있다는 점이다. 이를 통해 세계 각국의 팹랩들을 모니터링 할 수 있으며, 메이커스페이스를 공간에만 국한하지 않고 유동적이고 창조적 플랫폼으로 구현한다. 또한 스크린을 통해 실시간으로 MIT에서 진행하는 팹 아카데미를 이수할 수도 있다.

　메이커스페이스들의 특징인 다양한 장비를 활용할 수 있다는 점 또한 팹랩 서울의 특징이다. 3D 프린터(Ultimaker, Printerbot, Np-model 등), 레이저커팅기, CNC 조각기, 키넥트, 전자회로 작업대 등 다양한 디지털 제작 장비를 저렴한 가격에 누구나 이용할 수 있다. 라이노, 맥스, 오토캐드, 일러스트 등 장비와 연동할 수 있는 전용 프로그램 또한 구축하고 있다. 이러한 장비들은 초보자의 경우 이용하기 힘든 부분들이 있을 수 있어, 장비 이용 및 제작 과정의 문제에 도움을 줄 수 있는 스텝들이 상주하고 있다는 점도 초보 메이커들에게 있어 매우 중요한 지점이다.

위와 같은 공간 및 장비와 더불어 팹랩 서울은 메이커들을 위한 장비를 누구나 쉽게 배울 수 있도록 자체 정기 워크숍을 열고 있다. 또한 팀을 이뤄 정해진 시간동안 모은 아이디어로 프로토타입을 만들고 즐기는 메이킹 마라톤(Making marathon)인 'MAKE-A-THON'도 열고 있다. 10대를 위한 교육 프로그램 'FAB-Teen', 'Maker Festival' 등 일반인을 대상으로 한 프로그램 및 메이커 무브먼트와 관련된 다양한 프로젝트를 현재도 활발히 제공하고 있다. 매주 목요일에는 더 많은 사람들이 메이커 문화에 쉽게 접근할 수 있게끔 오픈 데이(open day)를 운영한다. 이때 처음 찾은 이들이 레이저 커터, 3D 프린터, CNC 조각기 등의 각종 디지털 장비를 사용할 수 있도록 무료 교육도 제공한다. 이를 통해 메이커 문화 및 메이커가 되려는 이들에게 보다 폭 넓은 접근성을 제공해주고 있다.

그 외, 팹랩서울만의 특별한 제도는 다음과 같은 것이 있다.

- Fabtist(팹티스트) : 패브리케이션과 아티스트의 합성어로써, 아티스트 고유의 능력과 디지털 제조를 융합하여, 새로운 워크숍을 제공하는 플랫폼이다. 아티스트와의 수익 쉐어를 통해 팹랩 서울의 수익을 발생시키고, 아티스트도 수익을 창출할 수 있는 플랫폼이다.

- FabKit(팹키트) : 디지털 제조를 통하여, 메이킹과 관련된 교육에 필요한 키트를 직접 생산하는 플랫폼이다. 현재 블루투스 스

피커 키트, 레이저 컷 의수를 만드는 키트, 아두이노 조명 키트 등 다양한 키트를 개발하여 메이커 문화를 알리고자 한다.

- Fabduck(팹덕후) : 팹랩 서울은 콘텐츠 제작에 니즈가 있고, 대학생들은 팹랩서울을 무상으로 이용하고 싶은 니즈가 있다는 점에 착안한 프로그램이다. 한 달 동안 팹덕은 메이커 문화와 관련된 컨텐츠를 제작하여 팹랩 서울 홍보활동(서포터즈)을 한다. 그 기간 동안 팹랩 서울의 팹 레지던시 자격(365일 24시간 이용-권한)을 부여받아 활동하게 된다.

팹랩 서울은 문을 연 첫해 SK의 지원을 받아 안정적으로 자리 잡았으며, 최근에는 다양한 스타트업이 탄생할 수 있는 기틀을 마련하고 있다. 킥스타터를 통해 펀드라이징에 성공한 직토(Zikto)의 걸음걸이 교정용 손목밴드 아키(Arki), 닷(dot)의 시각 장애인용 스마트워치 등이 팹랩 서울과의 협력으로 프로젝트를 진행한 사례다. 2015년 10월 9~10일 국립과천과학관에서 열린 2015 메이커 페어 서울에서는 관람객과의 교감으로 건축물의 색상이 변하는 '팹 파빌리온'을 선보이기도 했다. 또한 2016년 상반기에는 미국 사우스 바이 사우스웨스트(South by Southwest) 뮤직 페스티벌을 롤 모델로 테크놀로지와 문화를 접목한 새로운 형태의 페스티벌도 진행하였다.

팹랩 서울의 2016년 계획에 따르면 △미얀마, 필리핀, 몽골 등 개발도상국에 팹랩을 설립하는 케이랩(K-lab) 사업 △청소년들에게 소프트웨어 코딩 및 피지컬 컴퓨팅(physical computing)을 교육하는 팹틴(Fab-teen) 사업 △다양한 문화가 융합된 메이커 페스티벌(6월 중순)을 통해 메이커와 뮤지션의 만남을 추진 △도시와 달리 팹랩의 혜택을 받지 못하는 도서산간 지역으로 장비 탑재 트럭이 찾아가는 팹트럭(Fab Truck) 사업 등이 운영될 예정이라고 한다. 이밖에도 무박 2일 간 마라톤 식으로 메이킹하는 메이커톤(Maker-A-Thon)과 아프리카TV로 방송되는 발명쇼 팹너드(FabNerd) 등 흥미로운 활동이 진행 중이다.

한편, 서울 팹랩을 설립한 (사)타이드인스티튜트는 첨단과학기술(Technology), 상상력(Imagination), 디자인(Design)과 기업가정신(Entrepreneurship)이란 네 가지 핵심 키워드를 중심으로 글로벌 창업 문화 확산과 선도형 기술창업을 지원하기 위해 2011년에 설립되었다. 이는 제조창업 전문가와 더불어 기구설계, 외형제작 전문기업과 협업을 통해 시제품 제작 멘토링과 워킹목업 제작지원 서비스를 제공하고 있다. 2016년 8월부터 현재까지 20건의 외형제작(Mock-Up)을 지원하였으며, 10건의 멘토링 및 27건의 상시 컨설팅을 지원하였다.

여기서 소개하는 사례들은 일본 총무성의 '팹사회 추진전략(2015)', '팹랩 가마쿠라 소개 자료', '팹시티 요코하마 2020 계획' 등에 게재된 내용 중에서 한국에서 적용 가능한 것만을 추출한 것이다. 또한 새롭게 발굴한 한국형 모델(서울시 공예박물관 내 팹랩 설치 구상) 역시 포함되어 있다.

1. IAMAS 혁신 공방 f.Labo(기후현 오가키시)

> IAMS 혁신공방은 대학과 재단법인이 제휴하여 시민공방을 만든 사례로서, 한국에서도 이러한 산관학과 제휴한 혁신 공방이 다수 설립되기를 바란다.

IAMAS 혁신 공방은 2012년 정보과학예술대학원 대학(IAMAS)과 재단법인 소프트피어재팬이 연계한 시민 공방 형태로 설립되었으며, 현재는 산관학 연계의 거점이 되는 학내 공방으로서 디지털 공작기계를 활용한 산업 문화 연구를 수행하고 있다. 시민 공방의 역할은

2014년에 새롭게 개설된 '팹코어(Fab-core)'에 인수되었다.

다양한 기업이 팀을 이뤄 제품 개발에 종사하는 '코어 부스터 프로젝트'와 디지털 패브리케이션의 가능성을 탐구하는 콘테스트 '전개도 무도회'를 실시하고 있다. 2014년부터는 디지털 공작기계와 공예를 접합하여 새로운 산업 영역의 가능성을 탐구하는 '공예, 패브리케이션, 지속가능성(Craft, Fabrication and Sustainability) 프로젝트'를 시작했다.

'코어 부스터 프로젝트'는 소프트웨어와 하드웨어 엔지니어, 디자이너, 제조 기업 기술자 등 다양한 배경의 사람들이 모여 프로토타입을 제작한다. 여기에서 소개된 '빛 되', '말씀 적목', '이로도리 스탠드'는 IT · 전자종합전시회 'CEATEC JAPAN 2014'에 출품되었다. '코어 부스터 프로젝트'에서는 오가키시의 특산품을 활용한 시제품도 제작되어 있다. 지방에서의 혁신 창출을 견인하는 존재라고 할 수 있다.

'전개도(설계 데이터) 무도회'에서는 동일한 조건으로 제작된 의자의 완성도를 겨룬다. 설계 데이터를 온라인으로 공유하고, 재료가 있으면 누구라도 디지털 공작기계를 이용하여 재현하거나 유사한 형태를 제작하는 것이 가능하다. 또한 전시회를 통해 참가자들이 노하우를 공유하고 커뮤니티가 형성되어 있다.

2. 팹 아카데미(Fab Academy)

팹 아카데미는 전 세계 팹랩이 참여하여 운영되는 교육 프로그램으로, 한국에서는 팹랩 서울이 참여하고 있다. 다만 미국에서 이루어지는 관계로 한국의 수강생은 새벽에 교육을 받아야 한다는 어려운 점이 있다.

자료 : 총무성(2015), 팹사회 추진전략

<그림 13> 팹 아카데미

　팹 아카데미는 전 세계 52개소의 팹랩에서 다양한 배경을 가진 사람들(2015년 255명이 참가)이 참여하여 각종 공작 기계의 사용법을 익히고 자유롭게 물건을 만들 수 있게 하는 강좌이다. 'How to make almost anything (아이디어형태로 모든 방법을 배운다)'라는 MIT Center for Bits and Atoms 닐 거쉔펠드 교수의 수업을 토대로 삼고 있다. 전 세계 팹랩을 비디오 회의 시스템으로 묶어 동시에 수업을 진행한다. 개별 과제에 대해 각지의 팹랩에서 실제로 물건을 만들어 발표하고 강평하는 형식으로 진행된다. 커리큘럼을 수료한 사람에게는 수료증이 전달되고, 스스로 '팹랩'을 운영해 갈 수 있는 충분한 기량을 가지고 있음이 인정된다.

- 커리큘럼 : ·글로벌 강의 1.5h (매주 수요일) / ·글로벌 리뷰
1.5h (매주 수요일)

·로컬 리뷰 / ·비디오 레코딩 (Vimeo) / ·작품 제작
기록 (Mercurial)

·실무 강습 (12h 이상) / ·메일링리스트 / ·18weeks

1. Principles and Practices, Project Management
2. Computer-Aided Design
3. Computer Controlled Cutting
4. Electronics Production
5. 3D Scanning and Printing
6. Electronics Design
7. Embedded Programming
8. Computer-Controlled Machining
9. Molding and Casting
10. Input Devices
11. Output Devices
12. Composites
13. Networking and Communications
14. Mechanical Design, Machine Design
15. Interface and Application Programming
16. Invention, Intellectual Property, and Income
17. Project Development
18. Project Presentation

3. 장식용 시계 제작

목공 장인이 팹랩 가마쿠라에서 디지털 장식용 시계를 만든 사례로서, 한국에서도 전통공예를 현대적으로 재해석한 디지털 공예 작품이 다수 제작되기를 바라는 마음에서 소개한다.

일본에서 2011년 팹랩 가마쿠라가 설립되어 지역 활동을 계속하는 가운데, 새로운 비즈니스 생태계를 구축하는 프로젝트도 진행되고 있다. 장식용 시계는 가마쿠라·쇼난 지역을 거점으로 단단한 나무를 가공하여 주문 가구를 제작하는 이누잇퍼니처(inu it furniture)의 이누즈카 씨가 팹랩 가마쿠라를 통해 만든 작품이다.

목공 장인이기도 한 이누즈카 씨는 팹랩 건물의 외벽 칠 작업에 참여하면서 자연스럽게 팹랩 가마쿠라와 협력 관계를 구축했다. 그는 팹랩 가마쿠라에서 실시하는 스터디 그룹 등에도 적극적으로 참여하며, 상호 이해도 깊어져 갔다. 특히 팹랩 가마쿠라가 목표로 하고 있는 디지털과 아날로그의 융합, 향후 '만드는 방법' 가능성의 모색에 대해 이누즈카 씨가 이해하게 된 점은 프로젝트를 진행하는데 큰 의미를 지닌다.

반년 정도 경과했을 무렵, 이누즈카 씨로부터 제품 개발의 이야기가 나왔다. 제안한 프로젝트는 시계 문자판을 54개 종류로 제작할 수 있느냐는 내용이었다. 그러나 디지털 공작 기계를 사용하여 물건을 자유롭게 제작하려면, 그것을 안전하게 가동시키기 위한 기본 데이터 생성까지 습득해야 했다. 팹랩 가마쿠라에서는 이 과제를 해결하기 위해, 이누즈카 씨 등 장인들을 대상으로 기계를 사용하는 초보부터 응용까지 교육을 실시했다. 손의 감각을 소중히 하고 기술을

보유하고 있는 장인들이 이러한 디지털 공작 기계를 습득하는 의미
는 크다. 교육 후 탄생한 디자인은 일반적인 사람이 제안하는 제품
보다 더욱 높은 수준의 것이 될 가능성이 높기 때문이다.

자료 : Watanabe Yuka(2014)

<그림 14> iichi에 게재된 inu it furniture의 clock 54 시리즈

팹랩은 아이디어를 즉시 형태로 만드는 프로토타입 제작의 측면
이 많지만, 장인의 관점에서 봐도 재미있다고 생각되는 제품을 만들
어 내는 것은 팹랩 카마쿠라에게도 큰 도전이었다. 이누잇퍼니처의
성과물인 이 시계는 문자판에 레이저 커터의 특성을 살린 가공을 이
용하고 있다. 또한 목재의 측면에서 시계의 느낌을 부드럽게 만들기
위해 다양한 시도를 했다. 손잡이 부분도 금속 가공 장인이 만들었
다. 즉, 목공예와 금속 조각 장인, 그리고 디지털 패브리케이션의 하

이브리드한 조합을 통해 하나의 제품이 완성된 것이다.

팹랩 가마쿠라는 강습회, 훈련, 프로토타입에는 최적인 장소다. 그렇지만 이 제품처럼 중간 정도의 수량을 생산하는 경우, 별도의 가공 장소를 확보하여 제휴하는 제조체제를 구축하고 있다. 판매의 측면에서는 이누잇퍼니처의 독자 웹사이트나 점포판매 반응을 보면서 가격을 조정한다. 이후 다시 프로토타입 제작을 거듭하여 적정한 가격과 공정까지 산출해 나갔다. 이후 가마쿠라의 IT 기업과 협업하여 시장에 제품을 출시했다.

이 사례를 통해 퍼스널 패브리케이션의 진화 형태로서 시장에 출시하는 제품을 만들 때, 이른바 제품(Produce), 가격(Price), 프로모션(Promotion), 유통(Place)의 구축 방식도 기존의 방식에서 변화한다는 것을 알 수 있다. 만드는 동기는 제작자에 따라 다양하지만, 제작자가 작가인 경우 어떻게 활동을 유지 관리할 것인가라는 관점을 가져야 지속적인 활동이 가능해진다. 그리고 이 경우 만들어진 제품을 어떻게 전달하는지 등 '물건 만들기'를 하나의 생태계로 접근해 나가는 것이 중요해질 것이다.

4. 후지모크 페스티발(FUJIMOCK FES)

팹랩가마쿠라의 대표적 이벤트로서, 후지산에서 간벌한 나무를 참가자의 집에서 건조한 후, 팹랩에서 자신이 원하는 제품을 만들고, 품평회를 즐기는 이벤트이다. 한국에서도 임업과 팹랩을 접목시킨 이벤트가 이루지기를 바라는 마음에서 소개하였다.

1) 개요

후지산(FUJI)의 간벌재에서, 아이디어를 실물 모형(MOCK-UP)으로 만드는 페스티벌 (FES)이다.

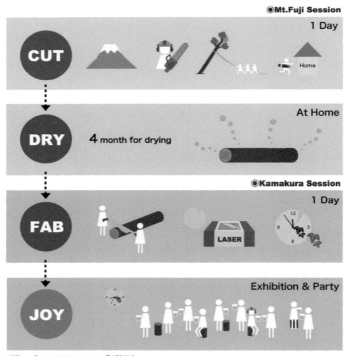

자료 : FabLabKamakura 홈페이지

<그림 15> 후지모크페스티발의 세션 작업도

2012년 처음 실시된 후지모크 페스티발은 발전을 거듭하여, 2016년에는 팹랩 가마쿠라를 대표하는 시민 체험형 이벤트로 자리매김 했다. 이 페스티발은 3부로 구성되는데, 먼저 '숲 세션'에서는 나무

꾼 체험, 숲 가이드에 의한 생태계 소개, 목재의 건조와 제재를 배운다. 그리고 '가마쿠라 세션'에서 디지털공작기계의 가공 기술과 센서를 다룬 제조 등을 배우게 된다. 가장 큰 특징은 기술을 이용하여 나무의 새로운 가능성을 탐구해 나가는 것이다. 아날로그, 디지털을 모두 사용하고, 상식에 얽매이지 않는 자유로운 발상을 통해 시행착오를 거쳐 나간다. 마지막으로 '프리젠테이션 & 파티 세션'에서는 패블(팹(Fab)ble)을 사용한 발표회를 통해, 제작 과정과 작품 프리젠테이션을 하고 친선을 나누는 시간을 갖는다.

1. 간벌작업

2. 현장에서 목재 가공 시연

3. 팹랩에서 디지털 가공

4. 완성품 : 라디오 모형

자료 : FabLabKamakura 홈페이지

<그림 16> 후지모크페스티발의 세션 이미지

2) 2016년 후지모크 페스티발

후지모크 페스티발은 기술을 이용하여 숲과 삶의 새로운 관계를 만든다는 목적을 갖고 있다. 이는 후지산 기슭의 숲에 조별로 나누어 들어가, 나무꾼의 전수 하에 숲에서 목재를 조달하는 것으로부터 시작된다. 프로그램은 약 5개월 동안 진행되며, 아래와 같이 3부로 구성되어 있다.

① 세션 1 : 나무꾼 체험 + 소재 조달 + 숲하우스의 FABCAMP
후지산 세션 2016. 10. 29-10.30

- 실시 내용
  · 1박 2일의 체류형 집중 합숙 FAB CAMP
  · 나무꾼이 전수하는 간벌 체험
  · 숲 가이드와 함께 현지 조사
  · **FAB NIGHT**
  · 전기톱 제재 실연 및 목재 가공
  · 디지털 공작 기계 데모 ※ 레이저 절단기
  · 소재의 테이크 아웃 ※ 배송도 가능 (본인 부담)
  · 네트워킹 등
- 건조기간(약 4개월)

② 세션 2 : 목재 가공 + 모델링 + 프로그래밍
가마쿠라 세션 2017. 02. 18 & 03. 11

- 실시 내용
· 디지털 공작기계 사용법 습득
  (레이저 절단기/3D 프린터/CNC 등)
· 스마트 DIY / MESH를 사용한 세션
· IoT 디바이스를 사용한 제작 지원
· 제재소에서 목재 가공
· Fabble에서 진행, 시행착오, 노하우를 공유
- 제작기간 : 온라인으로 진척 공유

③ 세션 3 : 발표회
- 프리젠테이션 & 파티 2017. 04. 01
· Fabble을 사용한 작품 발표회
· 제작 과정과 작품 프리젠테이션
· 후지모크 페스티발 파티
· 행사 회고·친목회
- 장소 : 간나이 사쿠라 WORKS

5. 요코하마시의 팹버스(FabBus) 계획

'팹시티 요코하마 2020계획'에 소개된 내용으로, 중고 버스를 디지털 장비를 갖춘 팹 버스로 개조하여, 시민들이 원하는 지역에 찾아가는 팹버스이다.

요코하마시는 팹랩 표준 장비를 갖춘 이동형 팹버스(FabBus)를

　기획하고 있다. 요코하마 시영 버스가 40만 엔 미만으로 판매하고 있는 중고 버스를 활용하여, 사람들이 거주하는 장소가 아니라 사람들이 모여 있는 장소로 찾아가는 새로운 개념의 공공시설이다. 이 계획에서는 요코하마 시민 370만 명을 팹(Fab)하는 사람으로 보고, 팹 운영자들이 팹 디렉터, 즉 매니저 역할을 하게 만든다. 이는 요코하마를 세계 제일의 팹시티로 만들고자, 인구 감소 시대의 새로운 이동형 '공공'시설의 모델을 확립한다는 미션을 내걸고 있다.

　팹버스는 1대 당 2명의 디렉터(대형버스 운전사도 겸함), 몇 명의 자원 봉사자 스텝으로 운영된다. 기존의 팹랩 같은 고정 시설의 운영에는 인건비나 임대료 등 거액이 필요하다. 그렇지만 팹버스는 각각 시설이나 조직 등이 1회 정도의 팹랩 개최 비용을 부담하는 것으로, 이용자는 기본적으로 무료로 사용할 수 있다. 만일 팹랩 행사 개최(25,000엔 × 8개소/월), 지역 회원 이용료(10,000엔 × 10개/월) 법인 회원의 이용료(30,000엔 × 10개소/월), 병설 카페의 수익 (2500엔 × 10개소/월)으로 가정하면, 디렉터는 1명당 1개월 20만 엔 정도의 수익을 확보할 수 있는 계산이 나온다.

팹버스에서 시작하여 팹이 정착된 지역에는 초등학교의 빈 공간 등을 활용해 본격적인 팹 시설을 설립한다. 2019년에는 인구 10만 명 지역에 하나의 팹 시설을 갖추고, 2022년에는 요코하마시의 초등 학교 342개교에 팹 스페이스가 탄생하여, 1만 명의 지역 당 1개의 팹시설을 만드는 것을 계획하고 있다. 나아가 2024년에는 요코하마 시의 전체 중고교에서 Fab 교육을 도입하는 것을 목표로 하고 있다.

또한 이동형 공공시설 모델의 확립을 위해 "커뮤니티 활동 지원 사업자 인정 제도"의 수립도 제안했다. 요코하마시에 많은 언덕의 저층 주거 전용 지역 등은 부담 없이 모일 수 있는 카페 같은 곳이 없다. 또한 오도리 공원 등 도심 공원에서 일상적으로 활용되지 않은 공공 공간이 많이 존재하여, 이곳에 팹시설을 설치하여 공공 공간에 활력 불어넣기, 도시의 활성화에 활용할 수 있을 것이다. 따라서 팹랩을 비롯한 커뮤니티 활동을 지원하기 위해 사업자를 인정하고, 공원 등의 공공 공간을 유연하게 활용할 수 있는 제도를 만들 필요가 있다.

요코하마시의 팹 시설화 계획은 간나이역 부근에서부터 시작해 나갈 것으로 예상된다. 현 청사의 이전이 검토되고 있고, 시 청사가 이전되기 전부터 간나이역 주변 거리의 긍정적 변화를 제시해 나갈 필요가 있기 때문이다. 구체적으로, 철거가 예정되어 있는 교육문화 센터의 입구 부분을 남겨 두고 임기응변으로 '참여 장소'로 만들 수 있는 팹버스를 활용, 간나이역 주변의 거리가 변해가는 것을 목표로 한다. 이렇게 팹버스의 보급을 추진함으로써 시민이 만드는 것과 구매하는 것을 선택할 수 있게 되어, 요코하마를 제조하는 환경·사람과 함께 세계의 팹시티로 만들고자 한다.

6. 음식의 비트센터화 계획

'팹시티 요코하마 2020계획'에 소개된 내용으로, 요코하마의 '음식의 비트센터화 계획'이다. 음식 요리 공간을 제공하면서, 각종 음식의 조리법을 데이터베이스화하여 다양한 용도로 활용한다는 측면에서 흥미로운 프로젝트라고 생각된다.

'팹시티 요코하마 2020계획'에서 제안하는 요코하마시의 새로운 팹 시설은 여러 요리와 요리의 레시피를 보관하는 '음식의 비트 센터(Bit Center)'다. 부엌을 빌려주고 요리하는 장소를 제공하는, 기존의 팹 시설을 발전시킨 새로운 시설의 제안이다.

이 시설이 실시하는 서비스의 첫 번째는 이동수레의 대여이다. 사용자는 요코하마의 음식재료와 요리를 준비하여, 빌린 이동수레에서 조리할 수 있다. 이동 수레에는 기본적인 요리 재료가 들어 있어, 어디서나 음식을 즐길 수 있다.

두 번째는 일반 가정에서는 입수하기 힘든 조리 도구의 대여이다. 사용자는 시설에 갖춘 식품용 3D프린터와 레이저 커터 등을 사용하여 평소 가정에서는 하기 어려운 조리 방법을 구현해 볼 수 있다.

세 번째는 시설에 설치된 기기로 음식을 통조림으로 만들 수 있다는 것이다. 통조림을 좌판에 늘어놓고 다른 사용자와 교환하거나, 시설까지 오지 않는 고령자에게 요리를 제공하는데 도움이 된다.

'음식의 비트 센터'에서는 유저들이 만든 다양한 레시피를 데이터로 저장한다. 팹랩에는 그 자리에서 만든 것은 어떤 형태로든 남기고 간다는 규칙이 있다. 그래서 여기서 만들어진 것은 그 만드는 프로세스를 데이터로 남기고, 그 후 그 음식을 만들고 싶은 사람이 재현 가능한 구조를 만들어 간다. 그리고 만들어진 것은 통조림으로 보관하여 프로세스와 성과물을 모두 보존한다. 또한 재해 시에는 '음식의 비트 센터'에서 만들어진 통조림을 비상식량으로 하여, 이 시설 자체가 대피소로서의 역할을 한다. 나아가 사용자가 요리를 만드는 과정을 오픈할 수 있는 구조를 갖춤으로써 요코하마의 식생활 문화를 계승하기 위한 시설로서의 역할도 한다.

7. 프론티어 메이커즈(Makers) 육성사업

> 일본 경제산업성이 실시하고 있는 제조 벤처(프론티어 메이커즈) 육성사업이다. 사업의 구체성, 체계성 측면에서 한국 정부나 관련 기관에서 시도해 볼만한 아이템으로 생각된다.

1) "프론티어 메이커즈" 육성 사업25이란

일본 경제산업성이 2013년에 실시한 '신제조 연구회'는 세계 틈새시장에서 직접 승부하는 제조 벤처(프론티어 메이커즈)가 등장하기 시작해 제조의 저변이 확산되고 있는 것으로 나타났다. 프론티어 메이커즈의 특징은 아이디어의 구체화 및 상용화 속도의 속도이다. 이는 대기업이 가질 수없는 특징으로, 프론티어 메이커즈가 탄생·성장하여 다른 기업과의 제휴 등이 이어질 경우 기업의 경쟁력 및 창출 능력의 강화에 도움이 될 것으로 전망된다.

프론티어 메이커즈 육성 사업은 미래 프론티어 메이커즈가 될 수 있는 기업, 신규 사업 전개, 신제품 개발 등을 목표로 하는 사람들을 해외 거점(디지털 패브리케이션을 갖춘 지역 공방 등 새로운 제조의 흐름에서 태어난 주목할 만한 곳)에 약 1개월간 파견한다. 이들은 현지에서 제조 프로젝트를 진행하면서 프론티어 메이커즈와 그들을 지원·제조하는 네트워크와의 교류를 통해 프론티어 메이커즈로서 실력을 쌓아나가게 된다.

2) 모집 요강

'독창성과 혁신성으로 사회적 임팩트를 주는 제품 혁신을 창출할 수 있는, 잠재력을 지닌 프로젝트를 실현하려는 인재'를 통해 해외에서 제조 프로젝트(현지 프로토타입화는 필수)를 수행할 인재를 모집한다.

- 파견 인력의 자격 조건
  - 속도감을 가지고 제품 아이디어를 실현하고 싶은 사람
  - 제품화하면 틈새이지만, 세계에서 팔면 나름대로의 규모에 팔리는 제품 아이디어를 실현하고 싶은 사람
  - 신흥국 등이 안고 있는 사회적 문제를 자신만의 기술을 살린 제품으로 해결하고 싶은 사람
  - 기업·조직 프로세스에서 사장되었지만, 세상에 내놓고 제품 아이디어를 실현하고 싶은 사람
  - 제품 비즈니스 모델을 해외에서 펼치고 싶은 사람
  - 자신의 아이디어를 해외에서 제품화·양산화하고 싶은 사람
  - 디자인 사고와 같은 소비자 통찰 기술을 활용하여 제품 개발을 하고 싶은 사람 등

- 파견 후보지역
  · 팹랩(인도 / 필리핀 / 인도네시아)
  · 인큐베이션 시설 (홍콩 / 심천 / 대만)
  · 디자인 학교 (인도) 디자인 팜 (독일)
  · 메이커스페이스 (미국)

3) 성과 보고

2015년 3월 24일 DMM.make AKIBA에서 일본의 경제산업성은 프론티어 메이커즈 육성 사업에 대해 파견 멤버에 대한 성과보고회를 개최했다. 먼저 9조 10명에 의한 성과보고 프레젠테이션과 제품의 전시, 시연이 이루어졌다.

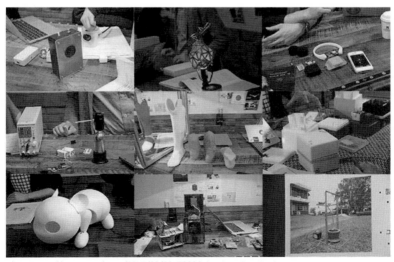

자료 : https://fabcross.jp/news/2015/03/20150326_frontiermakers.html

<그림 17> 세계에 통용되는 틈새 제품을 현지 개발해 온 Makers 성과 보고

큐슈대학에 재학 중인 이이지마 사치씨는 미국 샌프란시스코와 보스턴의 여러 팹랩 시설을 활용하여 LED로 빛나는 휴대용 기타 앰프의 프로토타입을 개발했다. 한편 오사카대학 대학원에 재학 중인 다케이 유타카 씨는 개발도상국 대상으로 연구 개발한 소형 플라즈마 살균 장치를 가지고 우간다, 케냐, 가나에서 고객의 요구에 대한 조사를 실시했다. 그 결과 고용에 대한 혜택이 없는 현지 기술 인력을 활용하여, 식품 위생 관리를 차별화한 현지 음식점을 대상으로 한 사업 전개가 전망된다고 보고했다.

도쿄대학 대학원에 재학 중인 아오키 쇼헤이 씨는 가나 팹랩과 연계하여 현지인의 주식인 '후후'를 제조하는 기계를 개발, 르완다, 우간다를 포함한 3개국에서 니즈 조사를 실시했다. 기라쿠의 이시이 씨는 미국 뉴욕에서 사족 보행 로봇 청소기의 프로토타입을 개발하고 오스틴에서 3월에 개최된 사우스 바이 사우스 웨스트(SXSW)에 출전했으며, 향후 크라우드 펀딩을 통해 자금 조달과 제품화를 목표로 한다고 설명했다. SXSW는 미국 최대 규모의 음악 페스티벌 중 하나로, 공연뿐만 아니라 미술, 테크놀로지, 라이프스타일 등에 관한 부스 역시 대거 참가하는 일종의 대규모 문화 전시장이다. SXSW에 부스를 낼 수 있었다는 사실은 곧 팹랩이 서구권에서도 하나의 미래지향적 라이프스타일로 받아들여지고 있다는 점에서 시사하는 바가 크다.

와세다대학 대학원에 재학 중인 이와모토 나오야 씨는 기존의 가공법으로는 어려운, 장기간의 공정을 필요로 하는 입체적인 스테인드 글라스 제작 소프트웨어를 개발하였다. 육성사업 기간 동안 베를린의 팹랩과 샌프란시스코의 아티스트 레지던스도 방문하여, 스테인드 글라스 작가와의 의견 교환을 바탕으로 소프트웨어의 개선과 시제품을 개발하기도 했다.

카페를 경영하는 나카자와 유코씨는 카시오에서 상품을 기획하고 해커톤(Hackathon)에서 개발한, 도시락 내용물을 교환하는 IoT형 도시락 'Xben'을 개량하여 SXSW에 참가했다. 프리젠테이션 중 '개성 넘치는 사람들이 모인 해커톤에서 놀면서 만들기'를 팀의 목적으로 정하였는데, 제품화 과정이 어렵다는 것을 느꼈다고 한다. SXSW에서 얻어진 평가를 바탕으로 양산화를 위한 개발을 진행하고 싶다고 밝혔다.

업포머의 야마다 슈헤이씨는 경기 도중 축구 선수의 움직임을 데이터화하여 성능 향상을 촉진하는 웨어러블 단말 '이글아이(Eagle Eye)'의 시제품을 개발했다. 미국 라스베가스 CES 전시회에 참가하여 수요자 요구를 조사한 후, 심천에서 양산화를 위한 개량을 실시하였다. 단순화를 통해 기존의 전문가용 데이터 분석 시스템에 비해 비용을 줄이고, 서양 아마추어 팀을 대상으로 도입하기 쉬운 가격대에서의 제품화를 목표로 하고 있다.

팹랩 간나이의 마스다 츠네오씨와 팹랩 보홀의 도쿠시마 유타카씨는 개발도상국의 빈곤층을 위해 3D 프린터를 활용한 의족 개발 시스템을 개발했다. 개발도상국에서 조달 가능한 자재와 전용 3D 프린터, 현지 의료 관계자와 장구사가 쉽게 조작할 수 있는 모델링 소프트웨어를 사용한 결과 1개당 10 달러에 의족을 만들 수 있었다. 필리핀에서 실제로 무릎 절단 환자에게 장착 테스트를 실시해, 향후 일본국제협력기구(JICA), 필리핀 통상산업부, 개발도상국 지원 단체와 연계하여 제품화를 목표로 하고 있다.

8. 서울시의 공예박물관 프로젝트와 팹시설

일본 경제산업성이 실시하고 있는 제조 벤처(프론티어 메이커즈) 육성사업이다. 사업의 구체성, 체계성 측면에서 한국 정부나 관련 기관에서 시도해 볼만한 아이템으로 생각된다.

1) 공예박물관 프로젝트 개요

서울시는 종로구 풍문여고 땅에 공예 관련 시설들이 산재한 지역적 특성을 고려해 공예 관련 허브시설인 공예박물관을 건립하기로 했다. 서울시가 1,600억 원의 예산을 들여 짓고 있는 이 서울공예박물관은 2018년 9월 개관을 앞두고 있으며, 이를 통해 인사동, 북촌, 삼청동 일대에 대규모 공예벨트가 형성돼 관광객 유치에도 크게 기여할 것으로 기대하고 있다. 서울시는 공예 명인 선정을 선정하고, 공예정보센터 운용할 계획을 가지고 있다. 공예정보센터에서는 공예 취업알선, 공예체험교실 안내, 디자인 관련 자료 제공, 공예품 판매 등을 담당할 예정이다.

한편, 공예박물관 운영에 대한 구체적인 계획과 유물확보 방안이 필요하다는 주장이 제기되고 있다. 특히 유물확보 방안에 대해 "시립역사박물관이라든가 한성백제박물관 같은 경우 수만 점의 유물을 확보하고 있으며, 매년 (유물을) 구입하고 있다."고 밝히면서 근본적인 대책을 요구하고 있다. 이에 대해 서울시는 "시립미술관이라든가 시립역사박물관·시립대학교 박물관에서 소장하고 있는 것들을 이관하여 대여하는 형식으로 전시하겠다는 계획을 가지고 있다."고 설명한다. 서울시 측은 다른 박물관의 경우에도 초기에는 유물을 대여·전시하다가 점차 유물을 보유하는 쪽으로 운영했다고 해명했다.

2) 공예박물관 내 팹시설을 기획한 동기

작년 어느 날 인사동의 공예전문가를 만나게 되어, 인사동의 전통
과 팹랩이 만날 수 있는 가능성에 대해 이야기를 나누던 중, 우연히
풍문여고를 가보게 되었다. 그 자리에서 풍문여고가 공예박물관으로
바뀐다는 이야기를 들으면서, 팹랩이 공예박물관과 만나면 많은 좋
을 일이 생기지 않을까 생각했다. 구체적으로는 외국인용 팹랩, 세
대별 팹랩, 작품 발표회, 코스프레, 대학연계 교과과목 개발 등 다양
한 일들을 할 수 있을 것이다.

한국형 팹랩은 한류와 접목이 되어, 자발적으로 참여하여 배우고
나누는 팹랩의 문화가 정착되어야 한다고 생각한다. 세운상가의 팹
랩이 벤처, 창업의 요람이라면, 공예박물관은 인사동과 연결하여 한
류와 전통을 첨단기술이 만나는 공간으로 탈바꿈한다면, 큰 의미가
있지 않을까 생각했다.

팹랩을 통해 전 세계인을 만나고, 우리나라 사람들뿐만 아니라 외
국인들이 찾아와서 한국의 전통공예를 만든다. 더 나아가 공예박물
관에서 만들어진 공예나 생활용품이 인사동에서 전시되거나, 전통을
새롭게 해석하여 코스프레의 소도구로 활용될 수 있다면 멋진 일이
될 것이라는 희망을 가져보았다. 공예박물관 내 팹랩이 만들어지고,
공예창작터를 넘어서 한류문화창작터(놀이터)가 되어 국내뿐 아니라
외국인도 모일 수 있다. 이들이 만든 것으로 코스프레를 하고, 우수
작품을 구매할 수 있는 생태계를 만들 수 있을 것으로 기대한다. 더
나아가 우리나라의 전통을 디지털로 복원하려는 젊은이들이 찾아
와 즐기면서 창업할 수 있는 공간, 외국인들을 언제든 만날 수 있는

24시간 열려 있는 공간, 새벽 2시에 시작하여 팹랩 아카데미의 온라인 교육을 같이 받을 수 있는 여건도 필요하다. 배우고 익힌 교육 내용을 누군가에게 나눠주는 디지털 기부, 재능 기부가 되면 좋지 않을까 생각된다.

단순히 기술이 아니라 사회를 바꾸는 공간, 집과 사무실에 이은 제3의 정주공간이 되기를 희망한다는 의미에서 팹랩을 소개하고, 더 나아가 바람직한 팹랩의 모습, 눈에 보이는 사람중심 4차 산업혁명의 사례로서 디지털화된 공예박물관의 모습을 구상해 보았다.

기존 인사동은 문화의 창조 공간보다는 만들어진 것을 판매하는 공간들이 많다. 생산 공간은 판매에 비해 상대적으로 적은 실정이다. 인사동은 생산과 소비가 함께 이뤄지는 형태로 발전해야 문화가 살아난다. 혼자만의 생각으로 좋은 아이디어를 만들어 내기는 어려우며, 모두의 아이디어로 함께 만들어가야 한다. 인프라를 갖추고 어느 정도 미래를 예상할 수 있어야 아이디어가 나오고 사업으로 구체화될 수 있다.

인사동을 중심으로 아날로그와 디지털이 합체된 디지로그(Digilog)문화를 만들려면, 디지로그 커뮤니티를 만드는 것이 중요하다. 커뮤니티는 '만들자!'고 해서 바로 만들 수 있는 것이 아니며, 뭔가 구심점이 필요하다. 처음부터 커뮤니티를 만들려고 "일단 사람을 모으자!"고 해도 구심점이 없으면 사람이 모이지 않는다. 원래 사람들을 모으기 위해선 그들의 욕구나 공명심을 자극할 이벤트가 필요하다. 메이커 페어 같은 여러 이벤트에 매력을 느끼는, 공통의 관심사를 가진 사람들이 모여들어서 교류가 시작되고 어느새 자연스럽게 커뮤니티가 형성되어야 한다. 어떤 장소가 있어도 그것만으로는 소용없으며, 거기서 무슨 일을 할 수 있는가, 어떤 일이 일어나는가, 무언가 사람을 끌어당기는 매력이 있어야 한다. 공예박물관 내 팹랩 시설은 그런 구심점 역할을 할 수 있다. 디지로그에 관심이 있는 사람들이 인사동 공예박물관에 모여 원하는 물건을 만들면서, 타인과의 교류를 통해 커뮤니티를 서서히 완성해 가는 것이다.

3) 공예박물관에서 할 수 있는 일

공예박물관에 관련된 아이디어는 다음과 같다.

① 코스프레 소품 만들기

인사동을 지나다 보면 가끔 한복 코스프레를 하는 젊은이들이 많다. 이런 이들이 자신이 좋아하는 인물이나 캐릭터, 콘텐츠에 관한 제품을 만들고, 인사동에서 자작 코스프레를 하면 어떨까? 인사동은 판매 공간으로의 이미지가 강해, 젊은 층의 아이디어를 모으는 생산 기지가 될 필요가 있다. 아기공룡 둘리 등 한국적 캐릭터를 대상으로 소품을 만들어 코스프레를 하면 재밌을 것 같다. 더 나아가 한국의 위인이나 역사적 인물에 대한 코스프레를 인사동에서 진행할 수 있으면 좋을 것으로 생각된다.

② 외국인 한류체험 디지털공방

인사동에는 외국인을 위한 체험 공간이 절대적으로 필요하다. 공예박물관에 팹랩을 만들어, 전 세계인이 언제든지 방문할 수 있는, 한류 콘텐츠를 만들 수 있는 공간으로 만들면 좋을 것 같다. 현재 외국인들이 한국을 방문하는 경우, 제품을 구입만 하지 제품(혹은 상품)을 만들고 체험할만한 디지털 공간은 거의 부재한 실정이다. 특히 디지털 체험은 더욱 드물다. 간단한 휴대폰 액세서리부터 한류 캐릭터, 콘텐츠를 제작하는 프로그램을 만들면 좋을 것 같다. 이렇게 만들어진 제품은 한국의 한류상품전시회에 참여할 수도 있을 것이다. 일단 교육프로그램을 만들어 참여를 유도하는 것이 가장 중요하다. 그리고 이렇게 만들어진 제품을 가지고 코스프레를 하는 것도 중요한 관광 상품이 될 수 있다.

③ 기타

애인에게 목도리를 떠서 선물하고 종이학을 천 마리 접어서 주듯이, 가족이나 연인을 위한 행사를 하면 좋을 듯하다. 빼빼로 데이처럼 '인사동 공방의 날'을 만들어, 각자 선물을 만들고 누군가에게 주는 행사를 사연(스토리)과 같이 진행하면 스토리텔링이 된다. 각 점포에 자신이 만든 작품(공방)을 전시하는 코너를 만들고, 멋진 작품을 관람하는 투어를 만들어도 좋을 것으로 보인다. 거리나 집에 스토리가 쌓이도록 한다. 공예박물관은 팹사회에 관한 담론, 도서 제작, 외국과 교류, 우수 작품 판매, 공모전 등 다양한 일들이 벌어질 수 있는 엄청난 공간이 될 수 있다.

④ 참고 사례

참고할만한 사례에는 대만의 대형쇼핑센터 성품생활(誠品生活, Eslite Spectrum)이다. 타이페이시(台北市)의 신이쿠(信義区)에는 타이페이101이 위치하고 있다. 신이쿠는 한국의 강남과 같은 곳으로 많은 백화점들과 명품관이 있으며, '성품 서점'의 신형 점포 '성품생활'도 여기 위치해 있다. 성품서점은 다이칸 야마츠타야 서점의 모델이 되었다고도 전해지는 서점으로서, 책을 중심으로 대만의 문화를 즐길 수 있는 것으로 알려져 있다.

성품생활에는 패션, 생활 잡화, 책, 음악, 차, 음식 등 다양한 매장이 있다. 또한 영화관, 콘서트 홀, 그리고 무려 향후 호텔까지 있다. 2층에는 '생활'에 초점을 맞춘 생활 잡화, DIY, 문구, 대만 재료 등이 진열되어 있으며, 재밌는 것은 이들이 실제 제작자·제작 체험과 함께 전시되고 있는 것이다. 은세공, 유리 세공, 오르골 제작 등 제조 스튜디오를 보고 있는 것만으로도 즐거워진다.

4) 팹랩 교육 과정

공예박물관 내 팹랩에서 실시할 수 있는 팹랩 교육 과정을 살펴보면 다음과 같다.

① 공예 체험교실
· 청소년을 위한 공예 체험 교실
· 대학생을 위한 공예 창작 교실
· 소외 계층을 위한 공예 체험 교실(무료 교육)
· 외국인을 위한 한류 체험 교실

② 팹랩 장비 교육
· 일반인 대상 디지털 장비 교육 : 3D 프린터, CNC 조각기, 디지

털 미싱 등

· 장인 대상 디지털 장비 교육 : 아날로그 공예품을 디지털화하기
위한 각종 장비 교육

③ '시민 × 전문가' 협업 제작실

· 시민이 만든 시작품을 전문가의 도움을 받아 작품화하는 코스
(나만의 체험/경험의 부가가치화된 작품)

· 전문가의 작품에 대해, 해당 전문가의 도움을 받아 시민이 만들
어 보는 코스(전문가의 노하우가 묻어 난 작품)

· 시민, 외국인, 전문가가 함께 작품을 만드는 코스

④ 시민 참여 제작 이벤트

· 인사동의 행사와 연계한 디지털 제작품 코스프레 실시(예 :국경
일, 기념일에 맞는 디지털 작품 제작)

· 공동 창작(共創) : 함께 만들기(예 : 모두가 참여하여 협동 작품
으로 다보탑 만들기)

이상과 같은 교육과정을 온라인 상에 디지털 아카이브화하고 팹
뮤지엄(Fab Museum)에 전시할 수 있다. 또한 제작 노하우/제작 노
트에 대한 아카이브도 구축(전문가의 노하우는 디지털상품으로 유
통될 수 있도록 지원)할 수 있다.

5) 팹랩 운영 개념도

공예박물관 내 특화된 여러 팹랩에서 학습(Learn)을 통해 만든 (Make) 성과물을 팹 뮤지엄을 통해 공유(Share)한다. 팹랩의 정신은 "Learn -> Make -> Share"이다. 팹랩 운영 개념도는 다음과 같다.

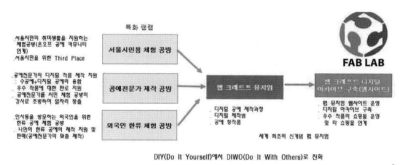

<그림 18> 팹랩 운영 개념도

한편, 공예박물관내 팹랩의 주요 용도와 발전 방향을 살펴보면 다음과 같다.

> **"시민참여형 팹랩(FabLab)은 팹타운(FabTown)으로 발전하여, 더 나아가 팹시티(FabCity)로 완성된다."**

◇ 2018년 9월 준공되는 서울시 공예박물관 내 팹랩(FabLab) 설치

◇ 다양한 용도의 팹랩을 설치(예: 시민교육용, 공예전문가용, 외국인용 등)

◇ 팹랩의 성과물, 제작과정 등을 전시하는 디지털화된 팹 뮤지엄 운영

◇ 팹 학교 개설(초중고생은 제작 체험, 대학생은 프론티어 메어커즈로 육성)

◇ 개인, 단체가 기증한 공예품으로 특화 공예전시실 유치 및 운영

<그림 19> 공예박물관 내 팹랩의 발전 방향

1. 적정기술과 팹랩의 만남

팹랩은 MIT와 풀뿌리 발명 그룹(Grassroots Invention Group)의 공동 실험 모델로 디지털 장비와 오픈소스 하드웨어 등을 활용하여 누구나 간단하게 시제품을 제작할 수 있는 공간이다. 디지털 기기, 소프트웨어, 3D프린터와 같은 실험 생산 장비를 구비해 학생과 예비 창업자, 중소기업가가 기술적 아이디어를 실험하고 구현해 보는 지역사회 차원의 풀뿌리 과학기술 혁신활동으로 볼 수 있다.

선진국에서는 개인의 취미와 비즈니스를 위해 팹랩을 활용하고 있지만, 개발도상국에서는 당면한 문제 해결을 위해 팹랩을 다방면에서 활용하고 있다. 예컨대 화상회의시스템을 통해 세계 각국의 팹랩과 협력하여, 정수기 및 간이 화장실 제작(보건·위생 분야), 각종 자료 작성(교육 분야), 소규모 수력 발전기 제작(전력 분야), 플라스틱을 재활용한 제품의 제작(환경 분야), 환경 측정기 제작(농업분야), 의족이나 의수 제작(의료 분야) 등에서 다양하게 사용되고 있다.

현재 팹랩에 필요한 모든 장비를 구입하고 구축하는 데 드는 비용은 10만 달러 정도로 많은 단체들에게 부담스러운 수준이다. 하지만 향후 3년에서 5년 사이에 팹랩의 기기를 빠르게 복제 가능한 기술이 개발되면 비교적 쉽게 구축이 가능할 것으로 기대된다. 즉 새로운 기술을 활용하여 팹랩의 기계들을 이용해 현재의 1/10의 가격으로 새로운 팹랩을 만들 수 있게 될 것이다.

개발도상국에서 시민의 삶의 질을 향상시키는 수단으로서 팹랩의 잠재력은 이미 다양한 연구자들에 의해 입증되고 있다. 세계 곳곳에서 팹랩을 통해 그들이 사는 지역에서 그들이 필요한 도구를 만들 수 있게 되었다. 팹랩은 이미 세계의 많은 가난한 사람들의 생활을 개선시키고 있다. 이러한 노력의 사례로 인도네시아 욕야카르타의 혼프(HONF) 팹랩과 네델란드 암스테르담의 와그 소사이어티 팹랩이 공동 진행한 '50달러 의족 프로젝트'가 있다.

이 프로젝트는 인도네시아인들을 위한 저가형 조절식 의족을 제작하는 하는 것이다. 즉 높은 품질을 유지하면서도 낮은 가격의 하퇴의족(무릎아래 종아리와 발 부분의 의족)을 현지 지역의 재료를 사용하여 만들려는 시도다. 인도네시아의 장애인 재활센터인 야쿰(Yakkum)은 혼프(HONF) 재단의 지원을 받아 신체부위와 보조기구를 생산하여 욕야카르타와 다른 인도네시아 도시 지역에 공급하고 있었다. 이 제품은 생산단가가 비싸고 의족 한쪽을 제작하는 데 2주가 걸리는 등의 문제가 있었다. 의족을 필요로 하는 환자의 대부분이 저소득층인 점에서 높은 가격은 큰 문제가 되었다. '50달러 의족 프로젝트'는 연결된 팹랩의 기술을 사용하여 매우 낮은 가격으로 의족을 생산할 수 있도록 지역 내 재료를 사용하였으며, 하루에 열 명분의 의족을 만들 수 있는 혁신적인 생산 아이디어를 제시하였다. 또한 팹랩을 통해 장애인들이 의족에 대해 보다 관심을 갖도록 일반 인에게도 홍보하였고, 의족 기술에 있어 전문지식에 의존하기보다는 장애인 자신의 일상생활에서의 경험을 많이 반영하도록 하였다.

2. 필리핀의 팹랩 보홀 프로젝트

1) 개요

(1) 개념

팹랩 보홀(FabLab Bohol)은 2014년 5월 개설하였으며, 설립 시 필리핀 통상산업부(DTI), 과학기술부(DOST), 보홀주립대학(BISU), 일본의 국제협력기수(JICA)가 공동 출자하여 설립하였다. 따라서 팹 랩 운영도 4군데에서 공동으로 실시하고 있다. 직원은 보홀주립대학 (BISU)에서 매니저 1명 및 기술직원 2명 등 총 3명이 상주하고 있 다. 또한 통상산업부(DTI)에서 소속 디자이너 2명이, 국제협력기구 (JICA)에서 청년해외협력대원 2명이 운영을 지원을 하고 있다. 일본 의 국제협력기구(JICA)는 개발도상국의 발전 모델을 바꿀 수 있는 도구로 팹랩을 주목하고, 관계 기관과의 제휴를 추진하고 있다. 설 립의 주요 목적은 지역 주민의 삶의 질을 향상시키는 것으로, 지역 중소영세기업의 지원과 보홀주립대학과 지역 주민의 자발적인 팹랩 이용 등이다.

(2) 지역 중소영세기업 지원

보홀 산업의 대부분이 관광 산업과 자급자족이 목적인 1차 산업에만 한정되어 있어, 제조업이 번성한 인근 대도시(세부시)와 비교하여 지역 간 격차가 크게 존재하였다. 또한 보홀섬의 산업 발전을 막는 주요 요인은 대형 선박·대형 항공기를 위한 물류 인프라의 부족이었다. 보홀섬은 물류 인프라가 없기 때문에 거의 모든 물류가 인근 대도시에 의한 중개를 통해 이루어진다. 이는 산업 전체에 대한 물류비용의 증가를 불러와 섬에서 만든 제품의 가격 경쟁력을 저하시키고, 대규모 투자를 꺼리게 하는 요인으로 작용하였다. 또한 섬에서 만든 제품의 품질이 높지 않기 때문에 대부분의 제품을 인근 대도시에서 구입하고 있었다. 따라서 일본의 통상산업부(DTI)는 팹랩을 활용하여 보홀섬 내에서 제품을 기획하고 개발하는 프로젝트를 실시하였다.

(3) 보홀주립대학(BISU)의 팹랩 활용

보홀주립대학에서는 지금까지 문제 해결형 수업이 거의 없었기 때문에, 학생들의 사고력을 높이는 충분한 교육 과정이라고는 할 수 없었다. 학생들에게 보홀섬의 문제를 해결하는 문제해결능력과 사회에서 필요로 하는 혁신창출능력의 향상을 위해 새로운 커리큘럼이 필요했다. 보홀주립대학에서는 이러한 문제를 해결하기 위해 팹랩을 활용하여 새로운 교육 커리큘럼 개발에 매진하고 있다.

(4) 지역 주민의 이용

팹랩 보홀에서는 실습 형식의 워크숍을 정기적으로 열고 있다. 이를 통해 초등학생부터 60세 이상의 노인까지 폭 넓은 연령층을 대상으로 레이저 커팅과 3D 프린터 등에 대한 지식 및 사용법을 교육한다. 참가자들은 토론을 통해 워크숍에서 만든 제품을 개선하고 사업화에 대한 준비를 하고 있다. 즉 팹랩에서 실시하는 워크숍은 지역 주민의 제조기술에 대한 새로운 계몽을 실시하고 있다.

2) 팹랩 보홀의 업사이클 플라스틱 개발 프로젝트

(1) 적정기술 2.0 프레임웍

Polak and Warwick (2014)이 제시한 '적정기술 2.0 프레임워크' (Fig. 2)는 제품이나 기술을 도움이 필요한 현장에 공급하는 전통적인 적정기술 접근방식과 달리, 필요성을 파악하는 사전단계와 사업을 안정화하고 확장하는 사후단계를 추가하였다(Park, 2014). 적정기술 2.0 프레임워크를 활용해 진행되는 적정기술 사업은 우선 현장의 필요(Desirability)를 파악하고, 현장에서 도출된 아이디어를 바탕으로 적정기술 제품을 개발(Feasibility)한다. 그리고 마지막으로 개발된 제품을 시장의 수요와 연결하는 비즈니스 모델(Viability)을 구축한다. 여기에서는 Polak and Warwick (2014)의 모형에 따라 3단계 (Desirability, Feasibility, Viability) 로 필리핀 팹랩 보홀의 사례를 분석하였다.

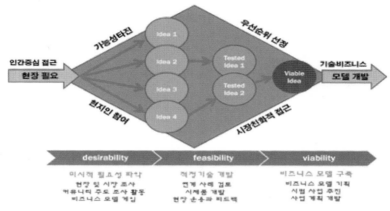

자료: Polak and Warwick (2014)

<그림 20> 적정기술 비즈니스 2.0 통합 프레임워크

(2) 업사이클 플라스틱 개발의 필요성 파악(Desirability)

필리핀에서 최초로 팹랩이 설립된 보홀 주는 수도 마닐라에서 비행기로 2시간, 제2의 도시 세부에서 배를 타고 두 시간 거리에 있다. 인구는 약 120만 명(주도 타그빌라란시는 인구 약 10만 명)이다. 현재는 치안이 좋은 섬으로 인식되고는 있지만, 과거에는 게릴라 문제 등으로 인해 개발이 지연된 저개발 지역이었다.

필리핀 통상산업부(DTI)가 보홀 주에 지금까지 전례가 없었던 '팹랩(FabLab)'이라는 새로운 개념을 도입하고, 팹랩을 설립하기로 결심한 이유는 그들이 오랜 기간 고민해왔던 보홀 주의 지리적 조건 불리로 의해 발생하는 유통의 문제가 있었기 때문이다. 보홀 주는 보홀 본섬과 70개 정도의 군도로 이루어진 섬이며, 상품의 유통에는 반드시 배를 활용해야 했다. 그러나 보홀 주는 대형 항구가 없기 때문에, 모든 물류의 유통은 고속선으로 2시간(운반선 4~5시간) 거리에 있는 인근 세부 시에 위치한 항구를 통해 이루어지고 있다. 대부분의 물품은 세부 항구까지 대형 컨테이너로 옮겨져 거기서 보관된후, 작은 컨테이너에 실려서 배로 보홀 섬까지 운반되어 온다.

보홀 주에서 제조업을 추진하기 위해서는 항상 다양한 소재와 소모품을 구입을 계속해야 하지만, 위와 같은 물류 수송·보관비용 등으로 거의 모든 물품에 비용의 증가가 발생한다. 보홀 주에서 생산된 거의 모든 제품은 이러한 이유로 원가가 높아 가격이 인근 도시의 세부보다 높을 수밖에 없다. 따라서 보홀 주 제조업에서는 가격에서 우위를 이용해 시장 가치를 부여하는 것은 불가능하며, 제품의 품질을 세부 등 다른 주의 제품보다 좋게 하거나, 다른 주에 없는 듯한 혁신적인 제품을 만들어야 만 판매가 가능했다.

보홀 주의 이러한 유통의 문제는 통상산업부(DTI)를 포함한 현지 행정으로는 해결책을 찾을 수 없었다. 이는 보홀 주의 제조업의 성장을 가로막는 가장 큰 문제 중 하나로 이곳의 오랜 고민이었다. 필리핀 보홀 주에서 혁신에 의한 경제개발을 위해 혁신 환경을 지역에 설치하는 것을 목적으로 필리핀 통상산업부(DTI)가 주체가 되어 국제협력기구(JICA), 필리핀 과학기술부(DOST), 보홀 섬 주립대학(BISU) 등의 4자 공동으로 2014년 5월 2일 필리핀 최초의 디지털 패브리케이션 랩인 '팹랩 보홀'을 설립하였다.

팹랩 설립 후 제일 먼저 전개된 활동은 '팹랩을 이용한 혁신 환경 구축에 의한 빈곤 감소 프로젝트'이다. 또한 초기 비용이 되었던 설비비, 소모품비, 건물 재건축 등 630만 페소는 위의 4개 주관기관이 공동으로 분담되었다.

팹랩 보홀에서 실시한 개방형 혁신을 구체적으로 설명할 수 있는 빈곤 감소 프로젝트의 사례로서 '초소형 업사이클 플라스틱 장치'가 있다. 보홀 주에서 많은 플라스틱 쓰레기가 길가에 버려진 채로 남아 있으며, 특히 수도에서 멀리 떨어져 재활용시설이 존재하지 않기 때문에 여기저기 버려진 쓰레기 더미가 눈에 뛴다. 하지만 고철 쓰레기는 일체 존재하지 않는다. 이것은 고철 쓰레기는 가공이 쉽고 인근 철공소에서 쉽게 재생할 수 있으므로, 고철 쓰레기를 주워 철공소에 가져다주고, 돈으로 바꾸는 재활용 시스템이 있었기 때문이다. 만약 플라스틱 쓰레기를 쉽게 재가공하여 제품화할 수 있는 장치가 많은 지역에 설치되어 있으면, 플라스틱 쓰레기가 마을에서 없어질 것을 기대하며, 상황 개선을 위한 지역 밀착형 혁신으로 제안한 것이 '초소형 업사이클 플라스틱 장치'다.

(3) 업사이클 플라스틱의 제품 개발(Feasibility)

초소형 업사이클 플라스틱 장치의 최초 기획안은 글루건의 히터에 온도 조절 기능을 덧붙인 것으로, 보통 접착제 스틱을 넣는 구멍에 슈퍼마켓의 비닐봉투(폴리에틸렌 플라스틱) 등의 버려진 플라스틱으로 삽입하고, 이를 고온에서 용해하여 끈 모양으로 압출한다는 간단한 것이었다. 이러한 아주 간단한 아이디어를 가지고, 제조된 플라스틱 끈을 씨실로, 현지에서 생산되는 섬유인 라피아(현지 야자과 식물의 잎을 가늘게 쪼개, 거친 섬유 모양으로 한 것)를 날실로 편직하여 직물을 만든다. 이런 과정을 통해 전통적이고 자연 색이 풍부한 감촉을 유지하면서도 고강도 고내구성을 가진, 지금까지 없는 특성을 가진 보홀 주만의 차별화된 직물을 얻을 수 있다.

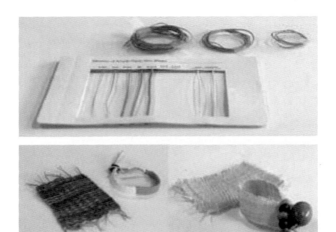

자료: Tokushima Yutaka(2016)

<그림 21> 버려진 플라스틱을 가공하여 짠 직물과 천

플라스틱은 가열하면 부드러워지기 때문에 이런 식으로 얼마든지 재가공할 수 있다. 스스로 시설을 만드는 것도 어려운 일이 아니다. 이 끈을 팔릴 수 있을 정도의 품질을 만들기 위해서는 조그마한 알루미늄을 정밀 가공해야 하는데, 팹랩이 구비하는 디지털 패브리케이션 시설이라면 가능하다. 즉 팹랩만 있으면, 이 시설에서 원하는 것을 직접 만들 수 있다. "이 시설을 만들면, 지역을 청소할 수 있다."라는 개념으로 플라스틱 쓰레기를 모아 마을의 재생 가공업자가 끈을 만드는 새로운 산업을 만들어 낼 수 있다. 이를 이용해 기존의 직물 중소기업이 보홀섬 고유의 섬유를 만들었고, 지금까지 없었던 새로운 에코 가방을 만들 수 있게 되었다. 이는 보홀의 환경보호와 산업 창출을 동시에 달성할 수 있는 프로젝트라고 볼 수 있다.

이 프로젝트는 지역 특유의 문제를 해결하고, 또한 경제적으로 공

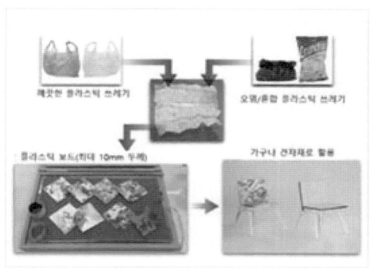

자료: http://fablabjapan.org/2015/06/26/post-5777/

<그림 22> 업사이클 플라스틱 공정

헌할 수 있는 지역에 특화된 이노베이션의 유용성과 그것을 실현시
키는 팹랩이 합쳐진 것으로서 협력할 수 있는 이해관계자를 모았다.
결과적으로 여러 단체에서 큰 공감을 얻어, 팹랩을 설립할 수 있었다.

이 프로젝트는 업사이클 플라스틱의 생산과 제품 가공을 보홀섬
의 주요산업으로 자리 매김하려는 계획을 갖고 있었다. 팹랩 보홀은
보홀 주의 주도인 타그빌라란(Tagbilaran)시와 공동으로 시민의 소득
향상을 목적으로 한 프로젝트의 일환으로서 비닐봉지나 포장에 사
용되어온 폐기된 플라스틱을 이용, 판상(널판지 모양)의 플라스틱
소재 생산용 장비(히트/쿨 프레스)의 개발에 착수하였다. 2015년 말
설계의 완료 및 조립용 자재의 발주를 마치고, 2016년 1월부터 플라
스틱 소재 생산에 종사하는 시민 단체에 대한 워크숍이 시작되었다.

이 워크숍은 두 가지 단계로 진행되었다. 첫째, 히트·쿨 프레스(Heat Cool Press)를 만드는 방법을 배우는 워크숍에서 시민들은 스스로의 손으로 팹랩 디지털 공작기기를 사용하며 히트·쿨 프레스를 제작하였다. 둘째, 플라스틱 소재와 그것을 사용한 간단한 제품을 만드는 방법을 배우는 워크숍에서 앞서 제작한 히트·쿨 프레스를 사용하여 주민들이 플라스틱 소재를 만드는 방법을 배웠다. 레이저 절단기 등의 디지털 공작기기를 사용하여 플라스틱 소재를 가공한 상자와 사진 꽂이 등, 간단히 만들 수 있는 제품을 제작하는 과정을 통하여 히트·쿨 프레스에 대한 이해가 깊어졌다. 워크숍 후에는 플라스틱 소재 제품의 판매를 목적으로 시민 단체가 각 읍면마다 플라스틱 생산 및 가공을 실시하였다.

한편, 혁신 제조시설은 제품을 생산하는 대단위 시설에 비해 상대적으로 투자가 적게 들어간다. 팹랩 이외에도 이와 비슷한 컨셉 기능을 갖는 해커 스페이스(Hackerspace)과 테크숍(TechShop) 등의 유사한 제조 공방을 선택할 수도 있다. 또한 특정 조직에 속하지 않고도 디지털 패브리케이션 시설을 일부 보유하면서 인터넷 오픈 데이터를 적극적으로 활용하여 혁신을 창출하는 대안도 가능하다.

그러나 개발도상국, 특히 농촌 지역에서 어느 정도 결정된 설비를 도입하려고 할 때, 아무래도 지속성의 문제가 크게 대두한다. 시설을 만들어도 바로 고장이 나서 방치되거나, 훈련을 받은 사람이 전직하고 시설을 사용할 사람이 아무도 없게 되어 결과적으로 시설이 방치되는 등 이른바 '화이트 코끼리화'는 실시 주체에게 가장 피해야 하는 위험이기 때문이다. 필리핀처럼 원조국으로서의 역사가 오래된 지역은 과거 원조의 실패의 경험이 있으며, 원조국의 대부분의 국가에서도 화이트 코끼리화된 시설을 볼 수 있다.

이 화이트 코끼리화의 위험을 최대한 줄이기 위해, 상태가 나빠지거나 고장 났을 경우 쉽게 지원을 받을 수 있도록 시설은 간단한 것일수록 좋다. 또한 장비를 다루는 훈련을 언제든지 쉽게 받을 수 있을 뿐만 아니라, 모르는 것이 있으면 어떤 일이라도 빠르고 편하게 물어볼 수 있는 환경이 갖추어져 있는 것이 바람직하다. 보홀 주가 혁신 시설의 패키지로서 팹랩을 결정한 이유는 팹랩이 화이트 코끼리화의 위험을 줄일 수 있는 환경을 제공했기 때문이다.

(4) 업사이클 플라스틱 개발의 비즈니스 모델 구축(Viability)

플라스틱 재활용 프로젝트가 제안된 후 팹랩 보홀은 팹랩 칸나이와의 공동 개발을 계속 진행하여, 초소형 업사이클 플라스틱 설비를 통한 플라스틱 쓰레기의 재활용 기술을 계속하여 개발하고 있다. 폐기물인 바나나 줄기의 섬유를 이용하여 새로운 재료를 개발·생산하고 있으며, 소비되는 대부분의 제품을 현지에서 생산하는 것을 목표로 계속해서 현장에 특화된 혁신을 시도하고 있다.

이에 따라 플라스틱 제품의 수입 의존이 줄어들고, 재활용 업체로의 새로운 일자리 창출로도 이어졌다. 또한 보홀 주 통산산업성 지부에서는 장비를 스스로 관리할 수 있도록 지원도 하고 있다. 향후에 타그빌라란시는 15개소로 이루어진 마을 전체에 초소형 업사이클 플라스틱 설비를 설치할 예정이다.

또한 팹랩 보홀에서 사용법을 배운 마이크로 컨트롤러를 사용하여 스마트폰으로 온·오프할 수 있는 조명시스템을 만들고 있다. 이를 통해 뜻있는 현지 젊은이가 스타트업을 추진하는 사례도 등장하고 있어, 프로젝트의 큰 목표였던 경제적인 효과도 조금씩이지만 나타나고 있다.

필리핀 아키노 대통령은 이러한 팹랩 보홀의 영향을 높이 평가하고, 팹랩을 필리핀 전역으로 확대할 방침을 발표하였다. 이를 기점으로 통상산업성(DTI) 장관의 요청에 따라 산학관 팹랩 스터디 그룹이 만들어졌으며(2014년 12월 수도 마닐라), 시민을 위한 계발 이벤트가 대대적으로 이루어지는(2015년 2월과 10월, 수도 마닐라) 등 팹랩의 적극적인 진흥 활동이 현재 진행형으로 이루어지고 있다. 이런 진흥 정책의 영향을 받아, 2014년 보홀 한 곳뿐이었던 필리핀의 팹랩은 2015년 11월 시점에 3개로 늘어났으며, 2016년 초에는 총 11개소로 늘어나게 되었다.

팹랩 보홀에서는 이상과 같은 적정기술을 활용한 다양한 활동을 진행하고 있다. 보홀섬과 같은 개발도상국의 농촌 지역은 낮은 소득과 질 낮은 교육 등 사회 문제가 산적해 있다. 이러한 사회 문제의

자료: 팹랩 보홀 페이스북(https://www.facebook.com/fablabbohol)

<그림 23> 필리핀 아키노 대통령, 팹랩을 전국으로 확대한다고 발표(2014. 5. 2)

해결에 위하여 팹랩 보홀을 거점으로 보홀섬 주민들의 삶의 질을 향상시키는 활동에도 매진하고 있다.

팹랩 보홀을 설립한 배경에는 앞으로의 원조 방식이 선진국에 의한 기술 공여처럼 공여성 원조가 아니라, 선진국과 개도국이 대등한 입장에서 진행하는 협업이어야 한다는 철학이 깔려 있다.[26] 즉, 물건을 주는 것이 아니라 만드는 방법을 가르침으로써 개발도상국에서 혁신이 일어나도록 하는 것이 목적이며, 그러한 공간이 '팹랩'이라고 강조하고 있다. 실제로 필리핀 보홀 섬에서는 시민들이 팹랩을 활용하여 비누를 제작하고, 이를 현지 호텔에 판매하는 등 지역 혁신이 일어나고 있다. 이러한 팹랩과 유사한 활동은 선진국에서도 급속한 확대를 보이고 있으며, 3D프린터, 레이저 커터 등 공작 장비를 사용하여 누구나 자유로운 발상으로 제조를 하고 그 노하우를 세계적으로 공유하는 시대가 올 것으로 전망되고 있다.[27]

(5) 업사이클 플라스틱 프로젝트의 향후 전망[28]

현재 프로젝트는 파일럿 개념 하에 업사이클 플라스틱을 생산하는 단계다. 업사이클 플라스틱 프로젝트는 3곳의 바랑가이에서 운영되고 있으며, 지역 여성들이 주체가 된다. 올해부터 시행하는 다음 단계는 PRP for IWI(plastic recycling project for improving women's income)로서, 지역 여성들의 수입 증진을 위해 비즈니스적 측면을 강조하며 빈곤 대책과 연계하는 것이다. 그리고 마지막 단계는 혁신경제(innovation economy)로 이끄는 것이다.

현재 해당 프로젝트가 실행되는 지역은 쓰레기 처리와 같은 문제도 심각한 상황이라 이를 위한 방편의 일환으로 프로젝트를 활용하는 면도 있다. 팹랩에 커뮤니티라던가 문화적인 기능도 물론 존재하지만, 필리핀의 경우 환경 문제 해결, 혁신 경제 완성으로 경제 발전을 추진한다는 목적도 강하다.

여성들을 프로젝트의 대상으로 삼은 이유는 다음과 같다. 통계상 필리핀은 아시아에서도 남녀 수입차가 상당히 적은 편에 속하지만, 이것은 부유층에 한정된 현상으로 빈곤층에서는 역시 남성의 수입이 많고, 여성은 상대적으로 적은 편이다. 그래서 프로젝트 운영팀은 프로젝트의 대상으로 빈곤층 여성들을 선정한 것이다. 지금은 파일럿 개념으로 3곳의 바랑가이에 업사이클 플라스틱 시스템을 설치했지만, 향후 시내에 있는 15곳의 바랑가이 전체로 확대하여 본 시스템을 이용한 상품을 만들어 수입을 올리는 것이 계획이다.

이들은 미니 팹랩(mini fablab)으로서 프레스머신, 3D프린터, 레이저커터, 그리고 아날로그 공구들을 활용해서 제품을 만든다. 제작 제품은 세 단계로 분리된다. 우선 히트 프레스와 레이저커터만으로 만들 수 있는, 플라스틱 바구니 같은 단순한 물건들이다. 간단하고 대량생산이 용이해서 여성들의 수입 증진에 직접적이고 큰 도움이 된다. 또한 이렇게 생산된 재화의 일부는 생필품의 자급자족에 활용됨으로써 구입비용을 절약할 수 있다. 즉 여성이라는 소외 계층에게 일자리를 제공한다는 측면에서 기성품의 단순 가공을 위주로 운영하는 것이다. 2단계(advanced products)는 주로 헬스케어 제품들, 예를 들면 체중계, 체온계 같은 물건들이다. 물론 이러한 물품들 역시 외부에서 구입할 수 있지만, 체중계를 예로 들면 건전지 같은 전력원을 지속적으로 구하기 어렵다거나 하는 문제가 있다. 미니랩을 통한 자체 제작은 이러한 지속적인 연료 조달의 문제를 해결해준다. 3 단계(women's original products)는 여성들의 오리지널(창작) 상품으로, 제조 과정에 익숙해진 여성들이 스스로 만들고 싶어 하는 오리지널 제품을 만드는 단계다. 또한 히트 프레스를 사용하면 비닐, 플라스틱, 페트, 필라멘트 등 모든 종류의 플라스틱들을 재활용할 수 있다. 재료로 사용되는 플라스틱은 여성들이 직접 수집하는 경우도 있지만, 대부분은 각 학교와의 협의를 통해 학교에서 버려지는 플라스틱을 수거하여 재활용하고 있다.

3. 팹랩 보홀의 대학생 메이커즈 운동

팹랩 보홀의 메이커즈 운동 계획은 규슈대학 학생이 2015년 10월 열린 일본팹랩 회의에 참가해 'i2i : 공창 워크숍'이라는 행사를 알게 되었다. 이 이벤트는 일본인과 필리핀이 힘을 합쳐 필리핀 지역 문제를 해결하는 제품을 개발하는 워크숍이다. 아이디어 발상에서 비즈니스 모델의 설계까지 수행하고, 그 아이디어와 제품을 팀에서 경쟁하는 것이다. 제품의 개발은 필리핀 팹랩 보홀에서 진행되었다. 아래 내용은 일본 규슈대학 대학에 재학 중이며, 팹랩 다자이후에서 아르바이트를 하고 있는 한 대학생이 팹랩 보홀에서 실시된 메이커즈 운동에 참여한 뒤 느낀 소감을 기록한 것이다. 참가자 사전 미팅과 필리핀에서 1월 4일-8일까지 진행된 워크숍의 모습을 담고 있다.

~

개발도상국의 과제 해결에 임하는 워크숍에서 만드는 사람으로 참여하며, 현지인과 실제로 커뮤니케이션을 하는 이 워크숍의 내용의 신선함에 끌려 참여를 결정했다. 또한 이전부터 나는 전 세계 팹랩을 여행하는 것에 강한 동경심이 있었다. 이전에 경제산업성이 주최한 '프론티어 메이커즈 육성 사업'에 참가하여 미국의 메이커스페이스를 방문, 제조 현장을 목격하고 여러 사람과 만날 수 있는 것은 무척 멋진 일이라고 생각했다. 그래서 이번에는 국가를 초월한 팹랩의 가능성을 추구하는 계기가 될 것이라고 기대했다.

우선 10월말에 필리핀 측에서 10개의 제품 제안을 보내오고, 일본인 참가자가 각각 관심이 있는 주제를 담당하게 되었다. 나는 그중 주위의 환경에 맞게 밝기를 자동 조광하고 절전하는 가로등 프로젝트 'e-Gen light'에 관심을 갖고 보홀 대학에 다니는 4명의 필리핀 학생들과 팀을 짰다. 그리고 1월까지 필리핀 측 팀과 상담하거나 일본의 참가자끼리 Google 행아웃에서 진행보고를 하며 과제와 제품 방안을 준비했다.

① 1월 4일 (워크숍 1일째)

이날은 처음에 호텔에 집합하여 개회 인사를 했다. 그 후 필리핀의 팀원들과 대면 향후 일정을 세웠다. 우리 팀은 앞으로 만드는 e-Gen light의 구상을 논의하고 동시에 비즈니스에 연결하기 위한 고객 인터뷰 약속을 세웠다. 내가 이 날 그들에게 한 제안은 가로등에 무선 기능을 추가해야 한다는 것이다. 단지 주위의 밝기에 따라 명암을 변화시키는 가로등이 아닌 개별 가로등 주위의 밝기 데이터를 검색하고 이를 무선으로 한곳에 모은다. 그 가능성을 시험하는 의미에서 이번에는 그런 가로등을 만들기로 했다.

② 1월 5일~6일 (2-3일째)

이 2일간은 주로 팹랩에서 e-Gen light 프로토타입을 만들었다. 먼저 스케치 그림의 외장을 팹랩의 3D 프린터로 출력했다. 또한 e-Gen light의 핵심 'XBee'라는 무선 모듈의 동작 확인을 실시했다. 이 무선 모듈에 설치된 조도 센서 주위 밝기의 데이터를 취득하고, 1분마다 메인 기기의 PC에 보내도록 했다. 또한 라디오가 제대로 작동하는지 확인한 후 납땜을 했다. 이런 과정을 거쳐 최소한의 동작을 하는 e-Gen light의 프로토타입을 만들었다. 완성된 프로토타입은 발광과 동시에 무선으로 데이터를 전송했다.

③ 1월 7일 (4일째)

4일째는 관광객이 모이는 해변에 가서 가로등의 어두움을 걱정하는 사람이 얼마나 있는지 인터뷰를 진행했다. 흥미롭게도 많은 이들은 관광에 와서 불안을 느낀 적이 없다고 대답했다. 그것은 부유한 관광객 일수록 그들은 해변 근처에 있는 호텔을 오가며 어두운 거리에는 가지 않기 때문이었다.

우리들은 이 발견을 계기로 도시의 밝기는 그곳에 살고 사는 사람의 문제임을 알게 되어, 그 사람들을 대상으로 계획을 세우게 되었다. 또한 이 날에 만든 가로등에서 실제로 측정한 데이터를 모았다. 밤이 되면 조명이 저하하고 있는 것을 알 수 있다. 그러한 데이터 집계와 함께, 같은 시간대 여러 장소의 밝기를 측정한 뒤 그 데이터를 가지고 구글 맵에 마을의 밝기 차트를 만들었다. 이것은 마을에

e-Gen Light가 설치될 경우 상대적으로 눈에 어두운 장소가 어디일지를 나타내는 것이다.

④ 1월 8일 (5일째)

마지막 날인 5일째에는 만든 제품과 데이터를 정리, 프레젠테이션을 실시했다. 프레젠테이션에서는 e-Gen light를 소개하고 실제 판매를 가정한 사업 계획을 린 캔버스 모델로 정리해 발표했다. 이 린 캔버스는 사업 계획 수립에 매우 유용한 도구로 전체에서 공유되고, 출발 전부터 협의에서 여러 번 사용된 것이다. 상위 3팀에 선정된 작품은 논에서 까마귀를 쫓아내는 로봇, 코코넛 껍질로 만든 로봇 장난감, 산호 서식 환경의 온도 관측 프로젝트였다. 이들은 모두 제품으로서의 완성도가 높았던 것은 물론, 과제를 해결하기 위해 필수적으로 만들어지는 제품이라 할 수 있는 것 같았다.

논에서 까마귀 퇴치 로봇   산호 서식환경의 온도 측정

자료 : https://fabcross.jp/topics/special/20160427_philippines_workshop_02.html

<그림 24> 작품 발표회 우수작

이 워크숍을 통해 많은 것을 배웠지만, 가장 먼저 느낀 것은 비록 첨단 기술과 발명이 없더라도 개발도상국의 니즈를 발견하고 최소의 초기 투자로 제품을 만들 수 있다는 것이다. 그리고 이때에도 경쟁에 지지 않는, 사람들이 정말 원하는 제품을 판매할 수 있다는 것이다. 일을 시작하는 데 중요한 것은 기술과 아이디어만이 아니라 그 지역 사람들이 정말로 필요로 하고 있는 것이 무엇인가 하는 점이다. 또한 필리핀에서는 현지인과 미래의 일이나 훌륭한 뜻, 큰 꿈을 일상적인 감각으로 평상시처럼 이야기를 주고받았는데, 이는 일본에는 없는 긍정적인 분위기였다. 특히 프레젠테이션 발표 시 최신 기술을 활용하여 새로운 도전을 하는 것은 지금까지 맛본 적이 없는 독특하고 아주 좋은 분위기였다. 그 분위기 속에는 이득만을 추구하거나 허세를 부리는 사람은 한 명도 없으며, 방에 있던 룸메이트끼리 서로 화합하는 것을 보았다. 그런 느낌을 맛볼 수 있었던 것은 이 워크숍이 단순한 해커톤(팹랩의 일종)이 아니라, 일본과 필리핀이 협력하여 진행한 것이기 때문이라 생각된다.

4. 적정기술 개발 프로젝트 : See-D

1) 설립의 계기

See-D[29] (시드, see-d.jp/)의 목표는 '필요한 물건을 필요한 사람에게 전달'하는 것이며, See-D Contest는 See-D의 비즈니스 콘테스트다. 제조업은 단지 제품의 개발과 판매에 그치지 않으며, 그 과정에는 다양한 이야기가 담겨 있다. 그 이야기를 현지 커뮤니티와 공유함으로써 함께 물건을 만들 수 있고(Co-creation), 또한 기술의 정착(Capacity Building)이 가능하게 되는 것이다. 이것이 실현되면 처음으로 필요로 하는 것이, 필요로 하는 사람에게 전달된다. 무엇보다 지역사회 주민들에 가까운 위치에서 활동하게 되므로, 좋은 물건을 전달할 수 있다면, 대량생산·대량소비 사회에서는 볼 수 없는 사용자의 웃는 얼굴을 보게 될 것이다. 이것은 제조의 가장 큰 묘미라고 본다.

한편, 세계에는 아직 전기를 쓸 수 없는 사람들이 14억 명이나 되며, 안전한 물을 마실 수 없는 사람도 10억 명이나 있다. 에디슨이 전구를 발명하고 나서 130년 국제 개발 원조가 시작된 지 60년이 경과했는데도 이러한 어려운 환경은 개선되지 않고 있다. 가난한 사람은 물건을 살 수 있는 돈이 없다고 말한다. 하지만 그들도 원하는 것에는 돈을 내고 있다. 휴대전화의 세계 보급률이 최근 10년 만에 70%에 달했다. See-D의 대표자는 물건을 개발하고 판매하려면 어느 경우에나 비슷한 정도의 고생을 하게 된다. 정말 물건을 필요로 하는 사람들을 위해, 그들의 생활환경에 맞게 물건을 만들어 제공하고 싶어서 See-D는 시작되었다. 세계의 요구를 순순히 볼 수 있는 힘(See)과 디자인(Design), 개발(Development) 보급(Dissemination)에 대한 관심(D)을 가진 참가자와 함께 세상을 바꿀 종자(SeeD)를 만들어 가는 것이다.

제1회 See-D 활동이 시작된 것이 2010년이다. 동 티모르를 파일럿 테스트 지역으로 선택하여 제품 개발·보급 모델의 디자인을 지원하였다. 시행착오 속에서 시작된 대회였지만, 많은 참가자는 지금도 정력적인 활동을 계속하고 있으며, See-D의 존재를 새삼 느끼고 있다. 그리고 잠시 충전 기간을 거쳐 2016년 제2회 See-D 콘테스트가 개최되었다. 이 콘테스트는 학생 주도 하에 수많은 개발도상국 제품을 개발해 온, 적정기술 교육의 선구자인 매사추세츠 공과대학 (MIT)의 D-Lab과 인간 중심 디자인, 디자인 사고방식을 기반으로 설계하고 있다.

2) See-D 미션

세계에는 물·의료·농기구 등 최소한의 생필품조차 접근하지 못하는 가난에 고통 받는 사람이 많다. 그런 필수품의 경우 그 토지의 생활양식 요구에 맞춰 만들어진 제품이 없어 '돈이 있어도 살 수 없

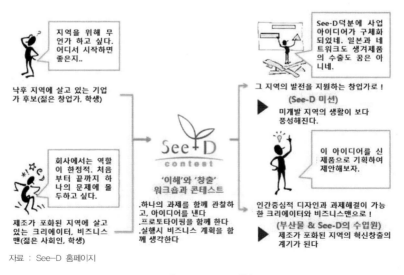

자료 : See-D 홈페이지

<그림 25> See-D 미션

는' 상태에 있는 경우도 종종 발생한다. 반면 일본은 기술력 있는 기업들이 다수 있지만, 지리적·언어적인 장벽에 부딪혀 개발도상국 사용자의 요구를 파악하고, 제품 설계에 활용하는 것이 어려운 경우가 많은 것이 현실이다. See-D 콘테스트는 일본의 기술력과 개발도상국의 요구를 연결해 개발도상국의 과제를 해결하는 제품 창출을 목적으로 한다.

3) See-D Contest 2015

(1) 프로그램의 개념

① 학습

경험이 풍부한 전문 강사를 불러, '관찰', '디자인', '비즈니스'라는 3개의 관점에서 개발도상국의 제조에서 중요한 마인드 구축, 기술의 기초를 배운다. 또한 실제로 필드워크를 실시하여 사회적 과제를 나름대로 발견하고 창의적인 해결책을 생각하는 일련의 과정을 1일 체험한다.

② 발견

실제로 개발도상국에서 견학을 실시한다. 현지 커뮤니티에서 현지인과 함께 생활하는 가운데, 그 현장 속에 숨겨져 있는 생활 과제를 찾으면서 수시로 프로토타입을 실시하는 가설 구축과 검증을 반복한다. 또한 생활환경을 관찰하여 물건을 만들 수 있는 재료와 기술, 사람을 파악함으로써 최종적인 비즈니스 모델 구축에 디딤돌로 사용한다.

③ 성장

견학에서 얻은 과제를 선정하고, 이를 해결하는 제품과 그것을 확산시키는 비즈니스 모델을 생각하여 실제 제품의 프로토타입을 제작한다. 또한 글로벌 개발과 비즈니스 등 다양한 분야의 전문가들로부터 멘토링을 받아 실물 모형을 만들고, 몇 달 후 최종 심사를 받기 위한 기초를 다진다. 실물모형 제작 등은 팹랩 시부야 등 전국의 팹랩 시설의 지원을 받아 진행한다.

④ 결실

국제 협력·국제 개발을 비롯한 다양한 분야의 전문가를 심사 위원으로 초청하여 프로그램의 집대성으로서 마지막 발표회를 한다. 발표회의 조언을 바탕으로, See-D 실행위원회의 지원 하에 사업화 계획의 실현을 목표로 한다. 지금까지 많은 팀이 프로그램 후에도 활동을 계속하고 있으며, 실제로 개발도상국에서 활약하고 있다.

(2) 프로그램 개요

See-D Contest는 일본의 기술력과 개발도상국의 요구를 연결해 개발도상국의 과제를 해결하는 제품 및 그 보급에 대응하는 시스템을 창출하기 위한 프로그램이다. See-D Contest 2015는 아이시 넷(주)과 공동으로 실시한다. 동사는 업계 최고 수준의 국제 협력, 정부 개발원조(ODA) 실적과 경험을 가진 국제 개발 컨설팅 기업이다. 개도국의 비즈니스 인큐베이션과 글로벌 인재 육성에도 힘을 쏟고 있다.

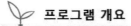
프로그램 개요

WS1 학습   **FW 현지조사**   **WS4 모형 개발**

WS2 학습   **WS3 공유, 아이디어창출**

WS1 ▷ WS2 ▷ FW ▷ WS3 ▷ WS4 ▷ Contest

자료 : See-D 홈페이지

<그림 26> 프로그램의 개념도

① 콘테스트의 흐름

제1부 혁신 워크숍(Innovation Workshop)에서는 총 50 명의 다른 전문성을 가진 참가자가 5차례의 워크숍 1주일 동안 진행하며, 동티모르에서의 현장 조사를 거친 제안용 시작품을 만든다. 제2부 혁신 도전(Innovation Challenge)에서는 제품 아이디어를 확산시키기 위한 시스템 만들기를 지원한다. 제2부 종료 시에는 심사팀을 설치하고, 제3부 인큐베이션(Incubation)에서 우수한 팀을 선발한다. 여기서는 선정된 팀의 제품의 보급 방안의 실행을 지원하고, 궁극적으로는 See-D에서 사업화 안건을 만들어내는 것을 목표로 한다.

지금까지와 같이 워크숍과 개발도상국에서의 현장 조사를 함께 실시하여 현지의 과제 요구 사항을 기반으로 제품과 비즈니스 모델을 개발한다. 최종적으로는 아이시네트가 실시하는 '40억 명의 사람을 위한 사업 아이디어 콘테스트'에 응모하여, 수상을 목표로 한다. 이번 대회는 단순히 아이디어의 모집 전형뿐만 아니라 혁신적인 아이디어의 사업화에 대한 진정성을 가지고 대응하고 있다. See-D 콘테스트 참가자들도 이 대회에서의 수상을 목표로 새로운 제품을 통해 사회 문제의 해결에 도전한다.

② 현지 조사(Field Work)

이번 현지 조사의 무대는 필리핀 레이테섬이다. 레이테 섬은 2013년에 초대형 태풍으로 막대한 피해를 내고 현재 부흥에 노력하고 있다. 인프라 복구는 상당히 진행되었고, 앞으로 본격적인 지역 진흥을 시작하려 한다. 이런 레이테섬을 배경으로, 환경 보전과 수익 향상을 테마로 한다. 홈스테이와 현지 NGO의 활동에 참여하고, 도민과의 인터뷰를 통해, 정말로 필요한 제품, 혁신적인 비즈니스 모델을 만들어낸다.

③ See-D Contest 2015 일정

· 8월 22일(토) : 제 1 회 워크숍(이하 WS) "개발도상국 제조업의 기초를 익힘" 디자인적 사고, 비즈니스 모델 캔버스를 중심으로 개발도상국 제조에서 중요한 마인드 기술의 기초를 배운다.

· 8월 23일(일) : 제 2 회 WS "연습 경기" 1일 혁신적인 사회적 과제의 해결책을 창출. 사회적 과제를 나름대로 발견하고 창의적인 해결책을 생각하고 그 생각을 형성하는 일련의 과정을 하

루에 체험하고, 개도국 제조업을 실천하기 전에 준비 운동이 되는 워크숍이다.

- 9월 19일(토)~9월 27일(일) : 현장 조사, 필리핀/레이테섬(참가자/권장). 프로그램 참가자 중에서 뜻있는 몇 명 (최대 15 명)이 레이테섬을 방문하여 마을에서 현장 조사, 현지 아이들과의 워크숍 프로토타입을 제작한다. See-D 직원과 현지 협력자가 현지에서 지원한다.

- 10월 3일(토) · 4일(일) : 제 3 회 WS "현장 조사 결과 다운로드에서 아이디어 발상까지". 뜻있는 참가자가 현장 조사에서 관찰해 온 현지의 정보, 프로토타입 현지 피드백을 팀과 참가자 전원이 공유하고, 거기에서 과제를 선정한다. 그 후, 이를 해결하는 제품과 그 제품을 보급시키는 구조의 전체 틀을 만든다.

- 10월 18일(일) : 제 4 회 WS "제품, 비즈니스 모델 발표회 및 피드백 세션" 팀의 아이디어를 발표하고 다른 그룹이나 See-d 직원, 아이시 넷의 전문가들로부터 조언을 받고, 아이디어의 실물 모형 개발을 목표로 한다.

- 11월 중순 : "40 억 명의 사람을 위한 사업 아이디어 콘테스트"에 응모[30]

쉬어 갑시다!

See-D 콘테스트 매니저 우메자와 히로아키와의 인터뷰 (2017.2.20.)

Q. 이 See-D 콘테스트에 참여했던 참가자들이 무엇을 가장 큰 메리트로 느꼈는가?

A. 행사에 참가하는 메리트는 여러 가지 있지만, 과제의 발굴서부터 해결까지 자신의 손으로 만들어가는 것이 가장 크다. 참가자는 메이커스페이스의 엔지니어, 컨설턴트, 디자이너, 마케터 등 다양하지만, 보통 콘테스트에서는 자신에게 주어진 분야 외에는 참가하지 않는다. 이에 비해, See-D 프로그램에서는 자기 스스로 과제를 찾고, 이를 해결하는 과정에서 다른 분야의 참가자들과 대화해가며 목표를 설정해 나간다. 목표를 설정한 후에는 어떤 식으로 자신의 스킬을 활용할 수 있을 것인가, 부족한 스킬을 타인으로부터 어떻게 보충할 것인가 등에 대해 생각한다. 즉 팀 빌드(Team Build)라는 것이다. 팀 빌드를 통해 프로토타입을 제작한다. 그러한 에너지를 담은 반년간의 활동이 좋은 경험이라고 본다.

한편, See-D의 참가자들은 참가 소감으로 "자신이 담당한 영역 안에서만 머물렀던 기존의 분업화된 생산 방식에서 벗어나 여러 분야를 아우르는 참가자들이 목표 세팅 단계부터 솔루션 제안, 채택, 해결 과정까지 함께 토론하였다. 또한, 서로의 영역을 넘나들며 사고와 행동의 범위를 확장, 조언을 주고받는 일련의 협력 과정 경험이 가장 큰 자산이 되었다."고 말하고 있다.

제3장

· · ·

팹시티

1. 스마트시티 추진 현황

도시인구의 유입증가 및 신흥국의 경제성장으로 인해 세계 도시화 추세가 가속화될 전망이다. 급속한 도시화 추세는 새로운 시장을 형성한다는 측면에서 바람직한 현상으로 받아들여지나 환경오염, 범죄율 증가, 혼잡성 등 다양한 문제를 불러일으키고 있다. 전 세계의 도시화율은 2014년 54%에서 2050년 66%로 증가할 전망이다.

기존 도시에 ICT를 접목한 스마트시티(Smart City)를 구축하여 이러한 문제를 개선하고 지속가능한 도시로 발전하고자 많은 국가들이 노력 중이다. 미국·중국·일본 등 주요국은 스마트시티에 대한 계획을 수립, 추진 중에 있으며, 미국 등을 중심으로 민간의 스마트시티 시장 참여도 증가하는 추세이다.

2025년까지 세계적인 스마트시티는 26곳이 조성될 예정이다. 스마트시티 시장예측자료에 의하면, 스마트시티 시장은 2020년에 1.5조 달러에 이를 전망이다. 스마트시티 시장에서 스마트정부·교육부

문이 규모 측면에서 가장 클 것으로 전망되며, 스마트 에너지 부문
은 2020년까지 연평균 19.6% 성장하여 성장률이 가장 높을 것으로
예상된다.

2. 주요 국가의 스마트시티 추진 전략[31]

일본의 닛케이(Nikkei) BP가 추산한 전체 608건의 세계 스마트시
티 프로젝트 가운데 중국·미국·일본·유럽·우리나라 등 5개 주
요 국가·지역의 프로젝트 비중이 84%가 넘는다. 특히 선진국은 주
로 기존 도시에 새로운 활력을 넣기 위한 도시 재개발을 통해 스마
트시티 전략에 접근하는 것에 반해, 신흥 국가는 새로운 도시를 건
설하는 전략을 선택하고 있다.

미국은 총 1.6억 달러 규모의 스마트시티(Smart Cities) 연구개발
계획을 발표하고 있다. 이 계획은 교통 혼잡 해소, 범죄예방, 경제성
장 촉진, 기후변화 대응, 공공서비스 등과 관련한 지역문제해결에
초점을 둔다. 문제해결을 연방정부의 자원을 지역의 수요에 매칭하
고, 지역사회가 주도하는 해법을 발굴·지원하는 방식으로 추진하고
있다. 유럽에서는 유럽집행위원회(EC)가 EU 차원에서 에너지와 교
통에 주안점을 둔 스마트시티 도입 촉진 정책을 총괄하고, 구체적인
프로젝트는 각 국가 또는 도시에서 개별적으로 추진하고 있다. 일본
닛케이 BP에 따르면 독일이 20건, 영국 13건, 프랑스 10건, 덴마크
9건, 스웨덴 8건으로 나타나고 있다.

프랑스는 2012년 이미 스마트시티 보급 확대를 위해 9개 에너지·

ICT 특화 클러스터를 조성했다. 총 1,780여개 회사가 참여했으며 200개 이상 스마트시티 프로젝트가 계획 또는 추진됐다. 영국의 런던 역시 급격한 인구 증가와 이로 인해 발생하는 사회, 건강, 교육 문제 등을 새로운 기술을 활용하여 효율적으로 해결하기 위해 2013년 12월 '스마트 런던 플랜(Smart London Plan)'을 발표했다.

일본 정부의 주요 부처들은 2008년부터 다양한 스마트시티 정책들을 추진 중이며 관련 정책에 약 680억 엔을 투입하고 있다. 일본의 스마트시티 전략의 세 가지 목표는 에너지 이용 효율화, 지역개발 활성화, 글로벌 경쟁력 강화이다. 지자체별로 스마트시티 추진 계획을 마련하는 한편, 스마트시티 포탈을 통해 일본의 스마트시티 기술동향을 제시함과 동시에 국제적 협력을 촉진하고 있다. 여러 스마트시티 프로젝트 가운데 내각부의 환경미래도시 구상(環境未来都市構想), 경제산업성의 스마트 커뮤니티 구상, 총무성의 ICT 스마트 타운 구상 세 가지가 가장 대표적이다.

중국 정부는 2015년까지 320개 스마트시티 구축 계획을 발표했으며, 2025년까지 2조 위안 (3,330억 달러)을 투자할 계획이다. 중국은 도시화가 가속화되면서 발생하는 문제에 대비해 스마트시티 구축 계획 및 구상을 제시하고 있다. 스마트시티의 목표는 스마트기술의 통합, 스마트산업의 첨단 발전, 국민의 생활을 편리하게 하는 스마트서비스의 효율화 추구 등이다. 2014년 6월, 인도의 나렌드라 모디 수상도 100개의 스마트시티를 구축하겠다는 계획을 발표했다.

우리나라는 이미 2000년대 중반부터 U-시티라는 스마트시티에 대한 개념을 확립하고 전국 규모의 스마트시티 구축을 추진해왔다. 그러나 부동산 경기 침체, 수요자 중심의 채산성 있는 사업 모델 부재 등으로 기업 및 국민의 관심이 저조한 상황이다. 송도·영종·청라국제도시로 구성된 인천경제자유구역은 지난 2003년부터 2020년까지 3,541억 원을 투입해 U-City(유비쿼터스 도시) 구축을 추진하고 있다. 이 사업은 최첨단 ICT(정보통신기술)를 거주지, 비즈니스, 공공부문, 산업단지 등 도시의 모든 분야에 접목해 정보화 미래형 도시를 구축하는 사업이다.

서울시는 스마트시티라는 명칭보다 '커넥티드 시티(Connected City)'라는 용어를 사용해 왔다. 서울시는 2014년에 831개 지역에 무료 Wi-Fi(무선인터넷)를 설치했고 하반기에는 9개 노선버스 45대에 Wi-Fi를 설치해 차량 이동 중에도 무료 인터넷 연결을 가능하게 했다. 2015년에는 디지털 서울 마스터 플랜을 수립하면서, 서울연구원이 선행 연구를 추진 중이다.

3. 스마트시티의 문제점

앞에서 살펴본 바와 같이 국가별로 전 세계 도시가 스마트 시티를 추진하는 동기는 다양하다. 싱가포르는 인텔리전스를 다양한 정부 서비스와 민간 서비스에 접목한 것으로 유명하고, 암스테르담은 시민의 사회적 참여와 환경 문제에 스마트 시티 기술을 집중적으로 사용하고 있다.

이와 같이 스마트시티에 대한 비전과 투자가 전 세계적으로 추진되고 있지만, 이에 대한 비판도 많다. "스마트시티에 반대하다"라는 책의 저자 아담 그린필드는 이런 전략 대부분을 IBM이나 시스코가 주도하며, 이들 기업의 목적은 기존 제품과 서비스를 통해 새로운 시장을 만들기 위한 것이라는 점을 지적한다.**32** 특히 이들이 제시하는 솔루션은 기존 기업이나 서비스에 사용하던 것으로 도시의 특성을 반영하고 있는 요소가 거의 없음을 비판하고 있다. 바르셀로나, 비엔나, 밴쿠버의 스마트시티 전략은 각 도시가 처한 환경이나 장기비전을 기반으로 목표가 다르고 취하는 전략이 다르다. 국내 도시의 경우에도 어떤 장기 비전을 위해 스마트시티 과제를 추진할 것인 가를 명확하게 도출해야 한다.

가트너의 애널리스트 베티나 트란츠-라이언은 "가장 큰 문제는 많은 사람이 '그게 내게 무슨 도움이 되는데?'라고 의문을 갖는다는 것"이라 말한다.**33** 그는 "많은 업체가 다양한 스마트 시티 기술을 판매하고 있지만, 시 당국이 더 중요하게 생각하는 것은 스마트 시티 프로젝트에 더 많은 시민이 참여하는 것이다. 시민에게 아무런 도움이 되지 않고, 업체의 스마트 기술을 검증하는 '시험대(Test Bed)'가 되는 것이 아닌지 잘 따져봐야 한다."고 말했다. 전 세계 많은 도시가 스마트 시티 사업을 하고 있지만 "그게 내게 무슨 도움이 되는데?"라는 질문에 답할 수 있는 서비스를 찾는 것이 점점 더 큰 고민이 되고 있다.

스마트시티 전략이 중요한 의미는, 도시의 경쟁력은 이제 국가의 경쟁력이며, 살아가는 시민의 건강과 삶의 질, 생산성과 창의력을 위한 가장 중요한 요소가 되고 있기 때문이다.**34** 그렇지만, 스마트 도시의 건설은 정부의 의도를 바탕으로 기업이 이윤추구적 관점에서 시장을 창출하고 있으며, 시민들이 참여하여 만들어가는 스마트 도시의 모습은 상대적으로 적은 편이다.

이에 비해 팹시티는 팹랩이라는 구체적인 메이커스페이스를 통해 팹 커뮤니티를 형성하고 더 나아가 팹시티로 진화하고 있다. 스마트 도시의 모델 중 팹시티는 시민참여를 극대화할 수 있는, 눈에 보이는 사람중심 4차 산업혁명의 좋은 사례가 될 것으로 기대된다.

4. 팹시티의 등장

오늘날 도시는 가장 거대한 소비처다. 재료와 제품은 먼 데서 생산되어 도시로 오는 과정에서 지구의 수명을 단축하는 탄소 발자국을 남긴다. 생산 능력을 잃어버린 도시의 삶은 외부 조건에 휘둘리며 불안하게 지속된다.

팹시티(Fab City)는 2054년까지 도시의 자급자족률을 50% 이상으로 끌어올리려는 글로벌 프로젝트다. 외부에서 생산된 것을 들여와 소비하고 쓰레기를 배출하는 대신 식량과 에너지, 생활물품 등 도시에 필요한 것들을 자체 생산하고, 재활용을 통해 쓰레기를 줄이며, 자급자족의 기술과 정보를 공유하는 전 지구적 네트워크를 지향한다.

팹시티 프로젝트는 2011년 리마에서 개최된 FAB7 회의에서 Institut d' Arquitectura Adcancada de Cataluniya, MIT Bit & Atom Center, Fab Foundation 및 Barcelona CIty Council의 협의를 통해 논의가 시작되었다. 이 프로젝트는 다른 도시, 마을 또는 커뮤니티가 공동으로 보다 인간적이고 거주 가능한 새로운 세상을 만들고자 기획되었다. 이어서 2014년 스페인 바르셀로나에서 열린 팹10을 통해, 바르셀로나 시장은 향후 40년 안에 자급자족률 50% 이상을 달성하려는 바르셀로나의 계획을 소개하며, 다른 도시들의 동참을 촉구했다. 이듬해 미국 보스턴에서 열린 팹11에서 보스턴을 비롯한 중국 선전, 남아공의 에쿠룰레니 등 7개 도시가 프로젝트 합류를 선언한 데 이어, 현재 전 세계 16개 도시(지역, 국가 포함)가 참여하고 있다. 2016년 중국 선전에서 열린 팹12에서 벨기에 브뤼셀, 브라질 쿠리치바, 영국 런던, 이탈리아 로마, 덴마크 코펜하겐도 2017년 부터 동참하겠다고 밝혀, 참여 도시는 계속 늘어날 전망이다.

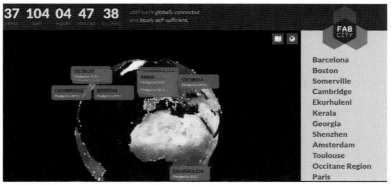

자료 : Fabcity.cc
주 : 자급자족 도시에 도전하는 팹시티 프로젝트에 참여하고 있는 도시와 지역을 보여주는 지도. 왼쪽 상단의 숫자는 목표 기한인 2054년까지 남은 시간을 카운트다운하는 시계다.

<그림 27> 팹시티 카운트타운 시계

팹시티 프로젝트는 스페인 바르셀로나의 카탈루니아고등건축연구소(IAAC)가 주도하고 있다. IAAC는 도시 문제 해결을 위한 새로운 접근법을 모색해 온 교육기관으로 바르셀로나 팹랩을 운영하고, 전 세계 팹랩의 교육 프로그램인 팹아카데미를 주관하고 있다.

팹시티의 구체적인 매뉴얼이나 평가 기준은 아직 없지만, 기본 전략은 백서로 나와 있다. 각 지역의 고유한 자원과 디지털 기술을 결합한 환경 친화적 첨단 제조 생태계, 태양열 등 재생에너지 기반의 분산형 에너지 생산, 블록체인 방식의 전자화폐를 이용한 지역 통화, 식량 자급을 위한 도시 영속농업, 만들기를 통한 배움을 중심에 둔 미래를 위한 교육, 정부와 시민 영역의 민관 협력 등이다. 핵심은 생산적이면서 지속 가능한 도시의 글로벌 네트워크를 만드는 것이다. 팹시티는 도시 문제 해결을 위한 지식과 경험을 도시들끼리 공유한다. 디지털 제조 실험실로서 거의 모든 것을 만들 수 있는 장비와 교육 프로그램을 갖춘 팹랩은 만드는 사람들의 창의력을 바탕으로 사회 혁신을 주도하는 플랫폼 역할을 맡는다.

바르셀로나와 암스테르담, 파리는 팹시티의 프로토타입 개발에 착수했다. 파리는 팹시티를 추진하는 민관 협력기구를 만들었고, 암스테르담은 팹시티 구현을 위한 건축과 디자인을 소개하는 전시로 4월부터 두 달간 팹시티 캠퍼스를 운영했다. 바르셀로나 팹랩은 디지털제조와 식량, 에너지의 3개 분야에서 자급자족을 실험하는 발다우라랩을 가동하며 팹시티 건설을 위한 기술과 원칙을 개발 중이다. 팹시티도 스마트도시의 일종이며, 여기서는 가장 모범적 사례라고 보기에 팹시티의 개념에 대해 소개한다.

1. 팹시티 바르셀로나

1) 바르셀로나의 스마트시티화 계획

시장조사기관 BI 인텔리전스는 2015년 세계 최고의 스마트시티로서 런던, 싱가포르, 뉴욕 등을 제친 바르셀로나를 선정하였다. 스마트시티 선정 평가항목은 사물인터넷(IoT) 인프라, 시민 참여지수, IT 기술역량, 데이터 개방성 등이다.

현재 바르셀로나에는 200개가 넘는 스마트시티 관련 프로젝트들이 진행되고 있다. 바르셀로나 시정부는 도시 계획, 생태학, 정보 기술을 통합해 기술의 혜택이 모든 이웃에게 도달하는 것을 보장하고, 시민의 삶의 질을 개선하는 프로그램을 지속적으로 추진 중이다. 바르셀로나 시정부는 2013년 초부터, 노후화된 바르셀로나 도시 중심지 본(Born) 지구를 재개발하면서 곳곳에 사물 인터넷(IoT) 기술을 기반으로 한 '스마트 도시' 솔루션을 도입하여 시범 운영을 해왔다. 그 경험을 바탕으로 이제는 도시 곳곳이 스마트한 환경으로 변화하고 있다. 처음 시작은 노후화된 본 지역의 재개발 때문이었지만, 이를 기회로 스마트 도시의 가능성을 모색한 것이다.

바르셀로나의 접근 방식은 하이퍼 커넥티드(hyper-connected), 초고속, 배출가스 제로를 목표로 메트로폴리스 내에서 생산적이고 인간중심의 커뮤니티를 구축하는 장기 비전을 달성하는 것이다. 바르셀로나시의 새로운 이니셔티브를 통해 향후 10년 동안 30억 유로를 절감하게 될 것으로 예측하고 있다.

바르셀로나의 스마트시티 프로젝트에는 시스코 등 세계 유수의 기업과 스페인 기업들이 다수 참여하고 있으며, 부에노스 아이레스, 더블린, 서울, 요코하마 시 등 세계 주요 도시와 파트너십을 수립했다. 모바일 월드 랩(Mobile World Lab) 등과도 협력하고 있다. 바르셀로나 지역 회사들은 커뮤니케이션 네트워크, 빅데이터 분석, 에너지 기술, 모빌리티 솔루션 등에서 기술을 제공하고, 바르셀로나 프로젝트의 파트너로 참여하고 있다.

구체적인 사례를 살펴보면 다음과 같다. 거리의 가로등 꼭대기에 설치된 센서는 쓰레기통이 얼마나 차 있는지 측정해 필요할 때에만 쓰레기 수거 차량을 부른다. 주차 공간을 탐지하는 센서는 애플리케이션을 통해 어느 주차장이 비어 있는지 알려준다. 복잡했던 버스 노선을 효율적인 교통망으로 개선했으며, 그 결과 4년 만에 버스 탑승률을 30%로 높였다. 버스 정류장에서는 도착 시간을 확인하는 것뿐 아니라 터치스크린을 통해 주변에 사용 가능한 공공 자전거를 찾거나 여행 관련 행사 소식을 파악할 수 있다. 또한, 정부의 활동을 시민에게 더욱더 투명하게 하고자 44개의 시민 집중 키오스크와 374개의 오픈 데이터 포털을 개설했다. 또한 '2014년 모바일 월드

콩그레스'에서 발표한 사례에 따르면, 센서가 장착된 스마트 쓰레기 통을 길에 설치해 실시간으로 쓰레기 수준 정보를 확인하고 있다.

2) 팹시티 바르셀로나

팹랩 바르셀로나는 세계 250개의 팹랩 중에서 가장 오래되고 가장 성공적인 팹랩이다. 이 팹랩은 카탈로니아 첨단건축대학원이 모체가 되었다. 대학의 일부는 주말 시민에게 개방하여 팹랩으로 활용되고 있다. 이 팹랩은 전 세계 팹랩 중에서도 가장 작은 것(손바닥 크기의 컴퓨터)에서 가장 큰 것(Fab House)까지 모든 것을 만들 수 있다. 특히 주택을 새로운 관점에서 파악하여, "스스로 만든다." + "현지 재료로 만든다." + "에너지 효율을 최대로 한다."란 컨셉으로 만들어 낸 태양열 팹 하우스(Solar Fab House) 등이 유명하다. 이 태양열 팹 하우스는 스스로 만든 소프트웨어를 통해 햇빛을 받는 각도를 계산, 지붕을 자유자재로 변화시킬 수 있도록 설계되었다. 이 기술을 응용하여 향후 토지별 최적의 지붕을 가진 집을 설계할 수 있다. 또한 팹랩 바르셀로나에서는 스마트 시티즌(SMART CITIZEN) 도구 및 앱(APP)의 개발도 이루어지고 있다. 이것은 손바닥 크기의 디지털 백엽상(공기의 온도와 습도·기압 등을 재는 자동 기록관측기를 넣어 두는 상자)으로서의 기능을 가진 도구로, 이를 사용하면 해당 장소의 환경을 측정할 수 있다. 즉, 곳곳에서 이루어지는 사람들의 활동 범위가 가시화될 수 있다. 바르셀로나에서는 이 같은 손바닥 크기의 컴퓨터가 주민들에게 배포되고 있다. 그런 의미에서는 스마트 시티즌 도구 및 앱은 최대 규모의 팹랩 제작물이라고 볼 수 있을지 모른다.

팹랩 바르셀로나 구상은 2011년 바르셀로나 시장이 Fab7(개최지 : 페루의 수도 리마)에 참가하면서 시작되었다. 이 Fab7을 통해 바르셀로나 시장은 팹랩의 구상을 스마트 시티에 접목해 나갔다. 바르셀로나의 팹랩 컨셉은 "From a computer to a house"(컴퓨터와 같은 작은 물건에서 집과 같은 큰 물건까지 패브리케이션 가능한 팹랩)으로 해석할 수 있다. 이러한 개념 정립도 다른 팹랩에 비해 참신하고 특징적이다.

이어서, 팹랩의 컨셉을 바탕으로 순환형 팹시티가 어떻게 실현되어 나가는가를 살펴본다. 앞서 개념에도 설명한 것처럼, 바르셀로나의 팹랩은 건축 영역에서 집과 같은 큰 건축물을 건축하는 경우에도 바르셀로나에서 소재를 조달하여 스스로 집을 짓고 있다. 2009년에는 스스로 나무를 자르는 작업부터 시작하여 모두 자신의 손으로 집을 설계했다. 또한 앞서 언급한 스마트 시티즌 도구 및 앱을 활용하여 습기 및 기타 센서를 통합한 모듈을 일반 가정에도 보급, 하나의 네트워크로 통합시켜 시각화시키는 것이 가능해지고 있다. 이처럼 세계에 앞서가는 팹시티의 롤 모델이 되어가는 것을 목표로 하고 있다. 2014년 바르셀로나에서 개최된 Fab10은 바르셀로나에서 추진되고 있는 팹시티 구상을 메인 컨셉으로 내걸었다.

순환형의 팹시티 구상에서 데이터는 전 세계적으로 교환될 수 있으며, 가능한 '지역에서 생산하고 지역에서 소비하는' 지산지소로 끝내려는 사고방식을 채택하고 있다. 바르셀로나 도시의 컨셉은 자족도시(Self-Sufficient City)라고 밝히고 있다. 즉 도시 시스템을 지산지소로 하고, 그 시스템 자체를 해외에 수출함으로써 결과적으로는 자급자족을 보다 확산하는 이미지를 갖추고 있다. 바르셀로나의 팹랩은 팹의 사고방식에 적합하도록 전기 자전거나 수도·가스 등 새로운 도시의 규칙(프로토콜)을 만들었다. 그 규약을 세계에 수출하는 데 따른 경제 효과를 기대하고 있다. 또한 바르셀로나는 2014년 Fab10까지 팹랩을 10개 추가하였다. 이 10개의 팹랩은 하나마다 다른 역할을 가지고 있다. 예를 들어 병원이나 지역 도서관에 팹랩을 만드는 것으로 각각의 지리적 조건과 맥락을 살린 팹을 만든다. 건강 관리를 목표로 한 팹랩에서는 깁스붕대를 만드는 등, 의료, 악기, 목공 등 장르에 특화된 팹랩을 여러 곳에 만드는 것이다.

이러한 생각은 지금까지의 소비 사회를 지탱하고 있던 생산 소비형의 "Product In Trash Out (PITO)" 모델로부터, 유형물은 지역에서 순환(자신들이 만들어 교환)시키고 정보(아이디어, 데이터)는 글로벌한 순환 속에서 교역한다는 "Data In, Data Out(DIDO)"의 개념으로 변화할 가능성을 보여준다. 따라서 다양한 운송비용 절감과 지역 산업의 보호에 연결될 가능성을 내포하고 있다.

2. 팹시티 요코하마 2020[35]

1) 2020년 팹시티 요코하마 구상

게이오대학의 다나카 히로야 교수는 일본에서 2013년 8월 일본에서 개최되는 제9회 팹 글로벌회의(FAB 9)를 준비하며 일본의 어떤 도시에서 개최하는 것이 좋을지 고민하게 되었다. 당시 일본에서 처음 FAB 글로벌회의가 열리며, 국가별로 순환되어 돌아가기 때문에 언제 다시 일본에서 열릴지도 모르는 만큼, 그 의미가 남달랐다.

다나가 히로야 교수는 기존 FAB 글로벌회의를 개최한 도시들인 네델란드의 암스테르담, 뉴질랜드 웰링턴, 스페인의 바르셀로나, 미국의 보스턴 등을 분석했다. 그 결과 이들의 공통점은 '창조적 도시'라는 점이다. 시민들의 자발적인 창의성을 바탕으로 상향식 시민의 힘을 활용한 참여형 도시, 즉, "제조사회를 만든다."는 가능성을 내포하고 있는 도시를 찾는 것이었다. 일본은 이러한 원칙에 따라 항구도시로서 문명이 들어온 곳이며, 전통과 현대적 조화가 잘 이루어진 요코하마의 창조도시센터를 중심으로 시민들과 함께 하는 도시 만들기 프로젝트를 구준히 진행해 왔다.

또한 2014년 스페인 바르셀로나에서 개최된 10회 FAB 글로벌회의의 주제는 'From FabLabs to Fab City'였다. 따라서 일본에서 팹 글로벌 회의를 준비하는 과정에서 팹시티의 가능성을 발견한 뒤 팹시티 요코하마 2020 계획을 추진하고 있다. 특히 2020년 도쿄 올림픽 개최와 맞물려, 이를 일본의 기술력과 저력을 보여줄 수 있는 기회로 삼고 있다. 2014년 게이오대학의 SFC연구소를 중심으로 '팹시티 요코하마 2020계획' 가이드북을 발간하였으며, 현재도 워크숍과 다양한 활동을 추진하고 있다**36**. '팹시티 요코하마 2020계획'은 <그림 28>과 같이 "참가한다, 발견한다, 그리고 만든다."는 컨셉으로 진행되고 있다.

참가한다   발견한다   만든다

자료 : Guidebook for the realization of Yokohama Fabcity 2020

<그림 28> 팹시티 요코하마 2020의 개념도

2) 팹시티 2020에 참가한다

(1) 개념

2020년 FabCity 요코하마를 만들기 위해서, 그리고 요코하마의 미래를 준비하기 위해서, 요코하마라는 도시에 '참가'하기 위한 구조가 어떻게 만들어질 것인지에 대해 논의할 필요가 있다. 지금까지 요코하마는 우리에게 어떤 '참가'를 위한 기반을 제공하여 온 것일까? 그리고 그 기반을 통해 얼마나 많은 사람이 참여해 온 것일까? 팹시티 요코하마를 만들기 위해서는 이러한 참여의 구조가 항상 새로운 '참가'를 낳는 선순환의 흐름을 만들 필요가 있다. 미래의 '참가'에서는 제작자와 사용자를 분리시켜서는 안 된다. 모든 사람이 그 장소에서 어떤 형태로든 '참가'를 하는 것이 가능한 상황을 만들어 낼 필요가 있다. 팹시티 요코하마에서는 어떠한 참여 형태가 있을 것인가. 그곳에서는 이미 이른바 '장소'를 뛰어넘어 '공간, 정보, 경험'으로서 참여의 공유가 가능한 도시가 될지 모른다.

(2) '참가'를 위한 발판을 만든다.

자신들이 좋아하는 코스튬(costume, 의상)을 만들어 입고, 찍어, 온라인에 올리는 활동을 하고 있는 사람이 다수 존재한다. 코스플레이어라면 거의 모두가 등록하고 있다고 해도 좋은 카페 '큐레 월드(cure world)'[37]라는 사이트의 등록자 수는 무려 약 14만 명이나 된다. 코스프레를 할 때, 코스플레이어는 다양한 도구를 사용하여, 코스프레를 한다. 우리는 왜 이런 활동을 하고 싶어하는가? 여기에서는 이러한 자신이 되고 싶은 것을 만들어 표현한다는 동기와 욕구, 욕망 같은 것을 주체적 일이라 부르기도 한다. 매우 감정적이고, 감정적인 부분이 차지하고 있는 것이 많다.

예를 들어, 1979년에 소니에서 워크맨이라는 새로운 제품(혹은 미디어)을 출시했다. 이러한 새로운 제품이 나오면 우리의 일상생활 양식 자체가 변모하게 알게 된다. 예컨대 이 워크맨의 광고로 상징적인 것으로는, "내 방에서 나오는 스테레오네."라는 광고 문구도 있지만, 우리들이 제품(미디어)을 어떻게 쓰느냐에 따라서 우리의 욕망이나 동기 자체가 도구에 의해서 바뀌는 것이 보여준다.

이와 같이 코스프레 문화는 제작하는 것을 전제로 만들어진 것처럼 보인다. 즉, 사진을 올리는 사람은 타인에게 자신의 사진이 참고되기를 항상 기대하고 사진을 올린다. SNS 등에 올려진 사진을 '샘플'로 코스 플레이어들은 서로 정보를 주고받으면서 혼자서는 작업하기 힘든 작품을 협업을 통해 만들어 나간다. 관련 웹을 통해 정보를 얻고, 집단적으로 의상 제작을 실시하는 코스프레 문화의 주체 활동은 컴퓨터나 스마트폰, 고해상도 디지털 카메라의 보급, 인터넷이라는 통신 인프라, 그리고 코스프레 이미지의 아카이브에 특화된 SNS가 있어서 가능한 일이다. 팹시티를 구성하는 '인적·물적 토대' 역시 코스프레 문화에서와 비슷한 다양한 인적·물적 네트워크에 의해 장기적으로 제공될 것이다.

3) 팹시티 2020을 발견한다

(1) 개요

이는 팹시티 요코하마(FabCity Yokohama)를 만든다는 '아이디어'를 바탕으로 우리를 둘러싼 환경 변화나 평소의 생활과의 관계 속에서 새로운 요코하마에 대한 '의미 부여'를 하는 단계다. 요코하마의 새로운 가능성을 발견하는 것을 목표로 한다.

(2) 거리에서 관찰한다

가토후미토시연구회의 2011년도 졸업생 타카히로시의 졸업 프로젝트 '미나토 나우 21'을 참고로 하여, '요코하마 거리의 변화'를 쫓아가 본다.

요코하마에서 자란 타카히로시 씨는 과거에 부모가 가족사진을 찍은 곳을 다시 방문하고, 다시 똑같은 관점에서 촬영함으로써 거리의 풍경의 변화를 탐색하고 있다. 예를 들어 차이나타운의 한 가게 간판의 상호가 1986년에는 왼쪽에서 오른쪽으로 읽는 '해원각'이었던 반면, 2011년에는 오른쪽에서 왼쪽으로 '각해원'으로 바뀌어 있었다. 그는 사진을 찍은 가운데 부모의 옛날을 뒤쫓거나 거리의 약

간의 변화를 관찰하거나, 자신의 가족과 거리와의 기억을 더듬으면서 과거와 현재를 거듭한 거리에 대한 이해가 깊어진 것이다.

또한, 야외활동을 하는 과정 중에 사진을 찍었던 사람과 20년이라는 시간을 거쳐 새로운 커뮤니케이션이 태어난 것도 특이할 만한 점이다. 거리를 알려면 그 자리에 있는 것을 관찰하는 능력뿐 아니라 옛날과 현재를 아울러 생각하는 사회학적·지리학적 상상력이 필요하다고 여겨진다.

우리가 평소 살고 있는 거리는 다양한 타이밍으로 모든 것이 만들어졌으나, 거리를 걷고 거리의 모습을 보기만 해도 이런 저런 과거에 대한 생각을 펼치고, 상상을 할 수 있다. 랜드 스케이프·아키텍트의 이시카와 하츠씨는 한 풍경을 촬영한 낡은 사진을 같은 관점에서 다시 촬영시킨 것에 몽타주함으로써, 현재 보이는 풍경의 시각을 바꾸어 놓는 노력을 하고 있다.

(3) 과제 발표

본 프로젝트에서 발표된 과제는 "거리를 관찰한다."는 기법으로 미나토미라이역을 중심으로 한 반경 약 500미터의 권역을 답사하고, 걸어가며 오감으로 느끼는 가운데 '과거의 흔적'을 찾는 것이었다. 길가에 있는 소나 말의 음용 수조, 습득물 정기권의 게시판 등 제출자가 각각의 해석에서 '과거'의 흔적을 찾아내고 발표했다. 역사적 건조물로 남아 있는 것이나 개인의 기억으로 이어지는 '과거'의 장소 등도 거론됐다. 길가에 난 큰 나무에서 그곳이 물이 흐르던 곳임을 상상할 수 있고, 지도를 한 장 머리에 기억하고 걷는 것으로 다양한 입지의 원형을 볼 수 있었다.

(4) 팹시티 '지산지도 지도'

"팹시티의 가능성을 찾는다."는 프로젝트를 통해 다나카 히로야연
구실이 작성한 요코하마 '지산지소 지도'[38]는 '재료를 입수하는 장
소', '제작하는 장소', '출력하는 장소'라는 3가지 카테고리로 나뉘
어 있다. 거리관찰을 통하여 물이 흘렀던 장소에 대한 배경을 알게
되어, 이 동네에서 각종 상업 활동이 어떻게 형성되었는지를 알게 되
었다는 의견도 나왔다. 또 지금 어떤 식으로 거리가 만들어지고 있는
가 하는 것을 알게 되어, 팹의 활동 거점을 앞으로 어떻게 형성해 나
갈 것이냐를 논의할 때 시사점을 준다는 의견도 있었다.

4) 팹시티 2020을 만든다

(1) 개요

2020년 팹시티 요코하마를 만들기 위해서, 그리고 요코하마의 미
래를 만들기 위해서, 생각해야 하는 것은 '만든다'라는 것이다. 21세
기 들어 우리의 손으로부터 '만들기'라는 행위가 괴리되었다. 여기서
말하는 '만든다'라는 것은 단지 공작, 제작에 그치는 것은 아니다.
'만든다'란 모든 사람들이 스스로 자신들의 인식ㆍ물건ㆍ구조, 그리
고 미래를 창조하는 것을 가리킨다.

(2) 팹시티 요코하마의 팹 시설

① 개요

1945년, 요코하마시 이소고구에서 조업을 개시한 오카무라제작소는 일본 최초의 토크 컨버터 개발에 성공하고, 첫 FF오토매틱 차 '미카사'를 창조하는 등 최첨단 기술을 쌓아 왔다. 최근에는 창업 이래 쌓아온 하드·소프트의 노하우를 바탕으로, 혼자서 '풍요로움을 실감'할 수 있는 환경의 실현을 목표로 사업을 추진하고 있다. 그 사례 중 하나가 오피스 환경의 구축이다. 정보 기술, 멀티미디어화 발전에 따른 다양한 솔루션이 필요하다는 배경을 토대로 다양한 하드웨어와 소프트웨어를 통해 새로운 워크 스타일을 중시한 매력인 워크 플레이스를 제안하고 있다.

② 퓨처 센터(Future Center)

퓨처 센터란 기업, 정부, 지자체 등의 조직이 중장기 과제 해결을 목표로 다양한 관계자를 폭넓게 모아 대화를 통해 새로운 아이디어나 문제의 해결 수단을 찾아 상호협력 하에서 실천하기 위한 시설이다. 일반적으로 연구 공간이나 학습 공간, 미팅 스페이스 등에서 구성되어 있다.

퓨처 센터에서는 소속 조직이나 입장이 다른 다양한 사람들이 모인다. 예를 들면 다른 부처의 스텝이나 기업인, 시민 등이 몰려들어 평소에 근무하던 조직 내에서는 결코 구축할 수 없는 관계성을 형성하고 횡단적인 대화를 하며 의사결정과 이해의 공유가 이루어진다. 다루는 주제는 행정적 정책 입안, 사업 전략 수립, 제품 개발 등 다양하다.

③ 퓨처 워크 스튜디오 'Sew'

오피스 환경 구축에 관한 새로운 추진 예로서, 퓨처 워크 스튜디오(Future Work Studio) 'Sew'를 들 수 있다. 'Sew'는 오피스 랩(Office Lab)으로서 새로운 워크 스타일에서 외부와의 접점을 만드는 안테나로서의 기능을 모색하고 있다. 이런 가운데 닫힌 교류의 장에서 이루어지던 사내서클 활동이 외부와의 접점을 가지는 세미나나 워크숍으로 변화한다. 최종적으로는 미래의 문제 해결을 담당하는 퓨처 센터로 발전하는 것을 목표로 하고 있다. 'Sew'는 누구나 가지고 있는 '재미'를 연결하여 지금까지 생각하지 못했던 물건 혹은 일을 탄생시키거나, 혼자서는 해결하지 못한 문제를 모두의 지혜를 모아 해결하기 위한 구조이자, 공간이며, 활동이다. 'Sew'이라고 하는 네이밍은 자수의 '꿰매다'이란 뜻에서 만들어졌다. 많은 '재미' 있는 것들을 'Sew'란 공간에 감추고, 1개의 큰 규모로서 그리고 작품으로 완성된다. 참여하는 목적은 기업 및 조직의 테두리를 넘어 다양한 활동에 참여하고 싶기 때문이다. 혹은 자신의 특기를 살리고 사회가 할 수 있는 일이 찾는 것이다. 'Sew'에 모이는 멤버는 각각의 기대를 갖고 있다.

'Sew'에서는 "미션보다 그 장소에 참석한 사람이 가장 중요하다."를 모토로 삼고 있다. '무엇을 위해서'에 집착하여 계속 진행해 나가면, '현상을 유지하기 위해서'나 혹은 '너를 대신하는 사람은 얼마든지 있는' 상황에 빠질지 모른다. 그 곳에 있던 사람과 무엇을 할 수 있는지 애당초 자신들은 뭐가 더 좋을까라고 생각한 것을 시작하고,

'자신들의 일'을 만드는 것이 필요하다고 생각한다. 즉 그것은 자기 목적화, 자기 완결적인 활동이라고 할 수 있다.

④ 서드 플레이스(Third Place)

도시에는 도시 거주자에게 생활상 빼놓을 수 없는 2개의 거주 장소와 함께 아늑한 3번째 장소 '서드 플레이스'가 필요하다고 생각된다. 생활상 빼놓을 수 없는 두개의 장소는 퍼스트 플레이스인 집과 세컨드 플레이스인 직장이나 학교를 뜻한다. 서드 플레이스에서는 마음을 중립으로 하고 있는 그대로의 자신으로 돌아갈 수 있다. 여러 사람과의 만남의 장이나 지식 포럼, 개인 사무실로도 기능하고, 언제든지 접근할 수 있는 로컬한 장소에 존재하고 있다.

이 '서드 플레이스'라는 견해는 미국의 사회학자 레이 올덴버그(Ray Oldenburg)에 의해, 1989년의 저서 『The Great Good Place』에서 도시의 매력을 높이는 개념·철학으로 알려졌다. 두 장소의 중요성은 모든 국가 도시에서 충분히 인식되고 있다. 그러나 '서드 플레이스'의 필요성과 그 본연의 자세는 나라마다 큰 차이가 있다.

미국의 도시는 유럽의 역사 도시와 비교하면 이 '서드 플레이스'가 열세이다, 이것이 미국의 도시 매력의 약점이다. 프랑스와 이탈리아의 '카페', 영국의 '펍(Pub)'은 유럽에서 서드 플레이스의 대표적인 사례. 유럽의 커피숍이나 술집에는 미국의 음식 시설에는 존재하지 않는 '여유, 활기, 커뮤니티'가 있어 시민의 대부분이 그곳을 '휴식과 교류의 장', 즉 서드 플레이스로 거의 매일 이용하고 있는 것이다.

2013년 7월 26일 'Sew'에서 서드 플레이스 운영을 둘러싼 지혜의 공유 & 교환회인 제1회 서드 플레이스 회의가 개최되었다. 본 회의에서는 '도쿄도 미술관' 등이 사례로서 소개되었다. 도쿄도 미술관의 '문 프로젝트'는 예술을 통해 커뮤니케이션을 촉진하고, 개방적이고 실천적인 커뮤니티 형성을 목표로 하는 프로젝트다. 문 프로젝트 명칭은 도시의 아름다움과 아트를 통해서 열리는 다양한 세상 세계에 대한 '문'이라는 뜻이다. 사람들에게 미술관에서의 체험이 심화되고, 새로운 커뮤니케이션을 낳는 계기가 되고자 한다. 미술관이 있는 생활 속에서 다양한 체험의 질을 높이고 공유하는 공간을 유지하고, 아트 커뮤니티를 만드는 실천을 실시하고 있다. 본 프로젝트에서는 미술관이 서드 플레이스로서 기능을 발휘함으로써, 이를 이용하지 않았던 주민을 포함한 지역 전체의 새로운 관련성을 탐색하고 있다.

⑤ 서드 플레이스의 가능성

위에서 소개한 실천적 사례 속에서 서드 플레이스 구축 이용에 관해서 다음과 같은 시사점을 얻었다. 우선 서드 플레이스를 구축하는 국면에서는 목적을 충족시키는 장소를 만든다는 명확한 목표가 있다. 그래서 장소의 구축이 완료되기까지는 진척 상황을 성과로 보이기 쉽게 하여 동기부여를 할 수 있다. 한편, 서드 플레이스를 이용하는 단계에 들어가면 그 장소를 유지하는 것이 목적이 되는 경우가 많다. 그래서 서드 플레이스를 구축하는 단계에 비해 활동에 대한 성과가 보이기 어려워, 장기간에 걸쳐 참여하는 동기를 유지하는 것이 어려워진다. 이렇게 서드 플레이스에는 장소를 만든 뒤 이를 길게 이용하도록 만드는 동기가 낮다는 문제점이 있다.

그러면 서드 플레이스를 구축한 이후에도 계속해서 이용하게 하려면 어떤 노력이 필요한 것일까? 우선 첫 번째는, 이용자가 무리 없는 범위에서 즐거운 서드 플레이스의 활동에 참여할 수 있는 시설이 필요하다. 두 번째, 서드 플레이스의 장소를 설계해도 너무 완벽하게 않게 하여, 나중에 이용자가 용도에 따르게 할 여지를 남기는 것이 중요하다. 해석할 때도 완벽하게 만드는 것을 목적으로 하지 않고 그 과정에서 얻어진 성과에 초점을 둔다. 세 번째, 서드 플레이스에서의 활동을 인지하지 못하는, 혹은 인지하고 있지만 참여한 적이 없는 사람에 대해 폭넓은 의견과 아이디어를 수집하는 동시에, 서드 플레이스 활동에 대해 알리는 것이 중요하다. 마지막으로 세세하게 기록을 남기는 한편, 수치화되는 것은 그 데이터를 축적함으로써 성과를 보기 쉽게 하는 연구도 필요하다.

(3) 팹 사회를 향한 전망

향후 팹시티 요코하마의 가능성을 전망하려면 무엇보다도 먼저 실증 실험이 필수적이라고 생각한다. 총무성 정보통신정책연구소가 개최한 '팹사회의 전망에 관한 검토회'에서도 디지털 패브리케이션 기기의 보급에 의한 새로운 '제조'의 움직임이 사회에 어떤 영향을 미칠지 검토가 이루어지고 있으며, 그 중에서도 실증 실험의 필요성이 시사되고 있다. 나중에는 요코하마 시를 무대로 이번 '요코하마 ××화 계획'에서 제안된 것처럼 여러 이해 관계자가 모이는 팹 설계를 다양한 사람이나 기관의 협조를 얻어 프로젝트로 추진할 필요가 있다. 프로젝트를 추진하면서 새로운 디자이너의 직능이 어떻게 규정할 수 있는가를 전망하고, 향후 인재 육성으로 이어갈 예정이다.

또 팹이라는 말을 쓰지 않고 팹을 말하는 것도 중요한다. 최근 3D 프린터 등에 대표되는 디지털·패브리케이션 기기의 보급이 진행되고 있다. 그렇지만, 팹 사회란 어떤 것인지 팹 사회가 도래하느냐는 것에 관해서 아직도 의문을 갖고 있는 사람이 대부분이라고 생각한다. 그런 사람들에 팹시티 요코하마의 가능성을 알고 이해하려면, 지금 사회에서 일어나고 있는 점과 향후 사회에서 일어날 법한 일을 팹이라는 말이 아니라도 구체적인 활동에서 자신의 말로 전달할 필요가 있다고 생각된다.

요코하마 팹 스페이스(Fab Space) 계획

요코하마 Fab Space화 계획에서는 그동안 여러 번의 그룹 워크 성과를 바탕으로 요코하마에서의 팹 스페이스는 어떤 장소여야 하는지 참가자에게 의문을 던지고 제안을 실시했다. 우선 요코하마의 새로운 팹 시설의 최종 성과물은 어떠해야 하느냐는 측면에서 접근하고, 체험·물건, 실용·비실용, 이기주의·이타주의의 3개축에서 성과물을 비교한다. 이어서 이전 워크숍에서 제시한 구체적인 팹 스페이스의 이미지를 떠올렸다. 거기에서 제안한 팹 스페이스(Fab Space)는 자신의 이미지를 바꾸고 싶은 사람이 후원자가 되어 디자이너에게 출자하고, 디자이너는 출자한 사람을 위해 액세서리와 옷 등을 만드는 시설이다. 이러한 그룹 워크의 피드백을 거쳐 팹랩의 이기주의·이타주의라는 양극단은 존재하는 것인가에 대한 의문도 생겼다. 제조에는 개인의 욕구에서 만들어진 것이 사회에 도움이 되고, 누군가를 위해서 만든 것이 자기 자신의 이익에 환원된다는 이기주의·이타주의로 나눠지지 않는 영역이 존재한다. 예를 들어, 출자한 디자이너에게 자신의 이미지를 창조하는 행위는 일견 후원자의 이기적인 행위와 같다. 그러나 후원자의 이미지가 디자이너들에 의해 창조되어, 그 후원자가 시민으로서 요코하마의 거리에 나가기가 반복되면, 최종적으로는 요코하마의 거리 전체의 이익으로 환원되는 것이다. 역사적으로 르네상스 문화의 발전은 자신이 예술을 즐기기 위한다는 이기적인 목적으로 투자한 후원자에 의해서 유지되고 있었다. 이러한 이기주의·이타주의가 나눠지지 않는 제조가 팹시티 요코하마에서의 새로운 팹랩의 가능성으로 이어지지 않을까 생각한다.

이상을 근거로 '요코하마 팹 스페이스 계획'이 제안하는 것은 팹 스페이스 자체의 운영 방식에서 생각할 수 있는 장소를 말한다. 예를 들면 옛날의 마을 회관은 마을 주민 전체가 생각을 만드는 장소로서 기능하고 있었다. 이기주의·이타주의가 나눠지지 않는 제조를 통해 요코하마를 더 좋은 마을에 바꾸어 가려면, 옛 마을회관과 같은 개방적인 자리에서 시민 전체를 대상으로 팹 스페이스의 존재를 생각하여, 장소나 물건을 만들어 나갈 필요가 있다. 현재 제조에서의 지식의 공유는 폐쇄적인 회의에 의해서 이루어지는 경우가 많다. 일반인이 제조에 대해서 알 기회가 적은 것이 문제가 되고 있다. 이런 현상을 타파하기 위해서는 장소와 제조 프로세스 자체를 오픈하고 팹 스페이스를 제조하는 곳으로서 시민 전체에 대해 대응할 필요가 있다.

제4장

∙
∙
∙

결론

다가오는 4차 산업혁명 시대에는 '프로슈머(소비자 겸 생산자)'가 제품개발에 적극 참여하여 맞춤형 생산과 제조업 혁신을 촉진할 것이다. 대량생산과 대량소비에서 맞춤형 제품의 적량생산·적량소비로 생산과 소비의 패턴이 변화되고 있다. 메이커는 직접 제품을 만드는 경험을 통해 혁신 역량을 축적하여 제조 창업(하드웨어 스타트업)으로 발전할 가능성이 높다. 미국, 중국, 일본 등은 메이커를 장기적 산업 혁신의 동력으로 적극 육성 중이다.[39]

국내 메이커 운동은 초기로서, 규모는 작지만 점차 성장하는 추세이다. 일상에서 만들기를 하는 국민의 비율은 증가('15년 19.3%→'16년 28.3%)하고 있으며, 테크(Tech) 메이커 보다 공예, 리폼 등의 분야가 활성화되고 있다(목공예 26.5%, 홈베이킹 20.5%, 홈인테리어 14.3%, SW제작 4.8%, 3D프린팅 제작 2.9%, 드론제작 1.7%). 더불어 메이커들이 활동하는 공간이 증가하고 있으며, IT 기업을 중심으로 교육, 메이커톤 등 '만들기'를 촉진하는 다양한 활동을 전개하고 있다. 특히 팹랩 서울(세운상가), N15(나진상가) 등 전자상가를 중심으로 민간 메이커스페이스가 증가하고 있다.

　그러나 초기 급속한 발전에도 불구하고 다양한 문제점이 나타나고 있다. 메이커스페이스의 양적 확대에 비해 질적 내실화가 미흡한 편이다. 공공과 민간 메이커스페이스 간의 역할이 중복되고, 장비 활용능력과 콘텐츠를 갖춘 전문 운영인력이 부족하여 내실 있는 교육 프로그램이 부족하다. 공공 메이커스페이스에서 무료 프로그램을 운영하여 민간의 수익모델과 충돌하는 경우가 많다. 또한, 커뮤니티 內 만들기 정보 공유 및 협력 활동도 저조하다. 해외에는 메이커 간 교류를 위한 중·소규모의 메이커 교류 행사가 다수 개최되나, 우리나라는 메이커 교류의 장이 부족하다.**40** 만들기를 주로 함께 하는 사람은 혼자(67.1%) > 자녀 (15.8%) > 커뮤니티 회원(8.2%) 순으로, 대부분의 메이커가 창작활동을 혼자 또는 가족과 하며, 메이커 커뮤니티에서 적극 활동하는 회원은 소수이다. 전문 메이커의 제작 노하우 공유가 활발하지 않아 온라인에서 접할 수 있는 양질의 만들기 매뉴얼 부족하다. 이에 정부에서는 메이커의 제조창업 촉진, 메이커의 참여를 통한 스타트업·기존기업 혁신, 전문 메이커 양성을 위한 교육 프로그램 운영, 메이커스페이스 운영 내실화, 메이커 운동 확산을 위한 교류·협력 지원 등을 대책으로 내세우고 있다.

　특히 메이커스페이스 운영 내실화를 위해 권역별 '메이커스 네트워크'를 중심으로 공공 부문과의 역할 분담 및 협업체계 마련하고 있다. 또한 민간의 자생적인 메이커 거점이 성장할 수 있도록 인근의 공공 메이커스페이스를 해당 분야로 특화하여 연계하고 있다. 예를 들어, 성수동(피혁), 창신동(봉제), 문래동(철공) 등이며, 국립현대미술관(서울관)은 열린 창작미술 교육의 일환인 '예술 공작소' 운영,

강원도농산물원종장은 농업접목 창작 문화 활동 등을 추진하고 있다. 그러나 이러한 대책들은 메이커 운동을 제조와 창업의 관점에서 접근하였기 때문에, 시민들이 제조(혹은 제작활동) 공동체 활동을 통해 삶의 질을 개선하고, 더 나아가 생활 속에 뿌리내리는 지속가능한 커뮤니티의 발전에는 이어지지 못하고 있다. 이는 기술 중심적 접근 방식을 시장·기업 활성화 측면에서 접근하여, 기술을 통해 이루어지는 사회(혹은 커뮤니티)의 발전을 의식하지 못한 탓도 크다. 또한 정부 주도로 메이커 환경을 구축하고 그 안에서 만들어 주었지만, 그것을 어떻게, 왜 이용하고 적용해야 하는지에 대한 고민이 부족한 것 같다. 그런 측면에서 앞 장에서 소개한 서울시 공예박물관 내 팹랩 시설의 설치는 시민 참여적 메이커 운동이 활성화할 수 있는 하나의 좋은 예라고 볼 수 있다.

팹랩의 향후 발전 가능성을 생각할 때의 핵심 요소를 정리하면 다음과 같다.

1. 팹랩의 이념과 병행하는 영리 활동의 중요성

팹랩은 대기업 중심의 제조를 시민들에게 개방하고, 개인에 의한 자유로운 제조의 가능성을 확장하는 것을 표방하며 시작되었다. 그러므로 시민들이 다양한 사람들과 공동 창작하면서 자유로운 발상·아이디어를 제조에 활용할 수 있는 문화를 양성하는 것이 팹랩의 가장 중요한 이념·미션인 것은 앞으로도 변하지 않을 것이다.[41]

한편, 이것은 팹랩에서의 영리 활동을 부정하는 것은 아니다. 앞서 살펴본 팹랩 헌장에서 제시된, 거리 시민들의 자유로운 제조를 위한 실험 공간으로서의 이용과 충돌하지 않는 한, 신규 사업을 추진하여 프로토타입의 제작, 소규모의 상품 제작 등 영리 활동을 위해 팹랩을 이용하는 것이 가능하다. 더욱 그런 활동이 성공한 경우에는 해당 이용자가 제조를 위한 인프라·서비스나 인적 네트워크를 제공한 팹랩에 이익을 환원하는 것을 기대하고 있다.

예컨대 팹랩 키타카야에서는 팹랩에서 제작한 가공품을 팔아 얻은 이익 중 10%를 팹랩에 납부하는 이용 규약을 정하고 있다. 또 개발 단계로 가공품을 당분간 판매하지 않는 경우에도 가능한 이 팹랩에서 개발되었음을 표시한다. 더 나아가 향후 사업화하고 수익이 늘어난 단계에서는, 그 수익의 일부를 기부하는 것이 요구되고 있다.

즉, 팹랩에서의 영리 활동의 성공은 팹랩의 자주적 재원 확대로 이어지고 있다. 이는 최첨단의 공작기계의 추가 도입, 기자재 라인업의 확충으로 이어져야 한다. 팹랩의 사업 규모 확대가 진행되면, 창조성이 풍부하고 발명의 재능을 가진 우수 인재를 팹랩으로 끌어들일 수 있어, 팹랩 발전의 선순환으로 이어진다고 생각할 수 있다. 다만, 제조 문화의 조성이라는 팹랩의 뜻깊은 미션에 어긋나지 않으려면, 팹랩에서 추진하는 영리 활동은 눈앞의 이익 추구를 우선하는 단기적인 성향이 아니라, 사회적 과제 해결을 통한 사회적 가치를 창출하는 것이 되어야 한다.

한편, 우리나라의 메이커스페이스의 운영 실태를 살펴보면, 정부 주도 공간인 '무한상상실', '시제품제작터' 등은 현재 물리적인 공간과 장비 구비에 치중한 측면이 있다. 테크숍(Techshop)의 성공 요인은 공간과 장비의 우수성이 아니라 테크숍의 공간에서 다양한 교육 콘텐츠를 듣고, 다수의 메이커들과 교류할 수 있는 운영 프로그램에 기인하고 있다. 또한, 팹랩을 포함한 민간 메이커스페이스는 회원제 기반으로 운영되고 있으나, 활성화 및 수익모델에 문제점을 들어내고 있다. 자생력을 갖춘 해외 팹랩에 비해 한국의 팹랩은 자생력이 부족하며, 활성화되지 못하고 있는 실정이다.

따라서 정부에서 운영 중인 무한상상실, 시제품제작터와 민간의 팹랩 같은 메이커 공간이 상호 시너지를 낼 수 있는 방안을 모색할 필요가 있다. 우리나라에는 130군데 이상의 메이커스페이스가 운영되고 있어, 어느 정도 디지털 제조(창작)의 공간과 장비는 구비되어 있다. 이제는 이들 메이커스페이스에 내실 있는 콘텐츠(교육 프로그램 및 이벤트, 제도 등)를 도입하고, 온오프를 연계한 커뮤니티를 활성화할 필요가 있다. 이런 측면에서 기 설치된 메이커스페이스가 체계적인 운영을 할 수 있도록 정부기관 및 지자체의 지속적인 재정 지원 및 협력 방안을 모색할 필요가 있다. 더 나아가 기업은 팹랩을 자사 제품의 테스트 마케팅 플랫폼으로 삼아, 팹랩과 기업 간 협업 모델을 만드는 것이 요구된다.

2. 팹랩과 비즈니스의 만남

팹랩의 향후 발전에 매우 중요한 포인트가 되는 비즈니스와의 접점에 대해, 예상할 수 있는 구체적인 가능성을 살펴보고자 한다. 우선 제조 벤처를 창업한 기업가나 향후 창업할 수 있는 잠재력을 가진 사람들이 자신의 제품 아이디어를 구체화할 수 있도록 한다. 더 나아가 프로토타입을 제작하며 시행착오를 반복하면서, 아이디어를 발전시켜 나가는 장소로서 팹랩을 이용하는 것을 생각할 수 있다.

최근 일본에서도 생활인·사용자 시점 등의 독특한 발상으로 엄

선한 가전제품 등을 기획 개발하는 제조 벤처가 하나씩 소규모로 구성되는 사례가 보이고 있다. 이는 앞에서 살펴본 메이커 운동에 부응하는 움직임이라고 볼 수 있다. 최첨단 디지털 공작기계 등을 갖춘 팹랩이나 그 외 메이커스페이스를 이용하여 혼자서도 쉽게 프로토타입 제작할 수 있게 된 것은, 이같은 제조 벤처의 창업을 촉진하는 요인이 되고 있다고 생각한다. 즉 팹랩 등의 제조 커뮤니티는 신규 사업의 인큐베이션 기능을 담당할 수 있는 것이다.

한편 이러한 제조 벤처가 개발한 제품의 양산 초기 단계에서는 중소기업이 제조를 담당하는 것으로 보이지만, 그 후 양산 단계에서는 잠재 시장의 잠재력이 높다고 판단되면 대기업이 제조에 나설 것이다. 이러한 단계에 이르면 제조 벤처가 팹랩에서 제품 아이디어를 발전시켜 구체화하여 온 사업이 큰 성공으로 이어지는 것이다.

팹랩에서 활동하는 제조 벤처와 대기업을 연결하는 또 하나의 경로는 대기업에 의한 클라우드 소싱의 활용이다. 해외의 선진적인 대기업 GE, 포드, 후지쯔를 중심으로, 기술 과제를 해결하는 아이디어를 전세계에서 재빨리 탐색할 수 있도록 클라우드 소싱을 적극 활용하는 움직임이 나오고 있다. 클라우드 소싱을 통한 대기업측의 제품 개발 요구에 맞추어, 제조 벤처가 팹랩에서 갈고 닦은 독자적인 아이디어를 대기업에 제안한다. 제안이 채택되면, 대기업의 사업화·양산을 통해 팹랩에서의 활동이 큰 성공으로 이어질 가능성이 높아진다.

앞서 살펴본 싱기버스(Thingiverse) 서비스는 디자이너 등이 업로드한 데이터(크리에이티브 커먼즈 라이선스의 저작권 표시 첨부)를 클라우드에서 공유하고, 누구나 이를 다운로드하여 자신의 제품화에 활용할 수 있는 플랫폼을 구축하고 있다. 그 외 제작 거점으로 팹랩이나 홈센터 등 디지털 패브리케이터를 갖춘 장소를 제공하는 사례가 있다.

팹랩의 발전에 있어서 영리 기업의 지원도 중요한 시점이다. 구체적으로는 영리 기업이 디지털 공작기계를 기증하거나 설비 투자 자금(출자금) 제공에 의한 비전 공유 파트너의 역할을 맡는 경우, 기업 스스로 팹랩의 운영에 나서는 경우 등을 꼽을 수 있다. 영리 기업은 사회적 가치 창출을 위한 CSR(기업의 사회적 책임)활동으로서 팹랩의 지원에 대응하는 것이 요구되고 있다.

한편 팹랩이 영리 기업을 지원하는 것도 기업과의 제휴를 향후 강화하는 데 중요한 대응이 될 수 있다. 예를 들어 일본에서는 대기업이 신규 사업 개발을 위해 사내의 비공식적인 협력을 활성화할 수 있도록 디지털 공작기계를 갖춘 기업 내 메이커스페이스를 설치하는 사례가 있다. 또한 홈 센터와 복합 상업시설 등의 소매업에서는 점포를 고객이 단지 상품을 구매하는 장소가 아닌, 즐거운 시간을 보낼만한 장소로 전환하기 위해 식당 안에 디지털 가공 공방을 병설하는 사례(예: Fresh Lab Takayama) 등도 나타나고 있다. 이는 공동 창조에 의한 제조의 아이디어를 발전시키는 팹랩이나 메이커스페이스의 운영 방법에 촉발되어 구상한 것으로 보인다. 메이커스페이스 구축·운영에 관련된 노하우를 갖고, 팹랩의 운영 주체가 메이커스페이스와 가공 공방의 운영 업무를 대행하거나, 운영진의 육성을 위한 교육 프로그램을 만드는 것 등이 구체적인 대응으로 꼽힌다.

이러한 대응은 팹랩에서 외부의 기업용 운영 사업과 교육 사업 등 수익원 다각화에 연결되어, 본업의 팹랩 사업을 강화하기 위한 기초 재원이 될 것으로 생각된다. 팹랩 시부야는 이에 대해 적극적으로 대처하고 있다. 소니는 2014년에 본사 빌딩 '소니 시티'의 1층에 공동 창조를 컨셉으로 한 개방적 공간 '크리에이티브 라운지'를 개설하였다. 팹랩 시부야가 창조적 라운지의 공간 운영 업무, 디지털 공작 기계 등의 장비 운용, 이용자 훈련을 담당하고 있다. 또 팹랩 시부야는 로프트 및 양품계획의 양사와 협업하고 있는 세이부백화점 시부야점 로프트관 내의 '디지털 가공공방 &Fab', 컬쳐·컨비니언스·클럽이 다루는 복합 상업시설 쇼난 T-SITE 내에 '팹 스페이스(Fab Space)'의 운영 업무도 담당하고 있다. 이상과 같이 팹랩의 운영에는 비즈니스와의 밀접한 제휴에 의해 재원을 확대하고 발전의 선순환을 연결하는 것도 중요하다.

우리나라의 경우, 2013년 SKT가 전 우주인 고산씨의 협력을 얻어 종로구 세운상가 내에 3D 프린터 등 장비를 갖춘 시작품 제작소 'SK 팹랩서울'을 오픈하였다. 그 후, 지금의 팹랩 서울로 바꾸면서 타이트 인스트튜트라는 비영리법인을 설립하여 운영하고 있다.

2014년 9월부터 운영되고 있는 18개 창조경제혁신센터는 지역별 산업 특성과 지원하는 대기업의 역량에 초점을 맞추어 특화사업을 운영하고 있다. 각 지역센터는 '정부-지자체-지원 대기업'이 상호 협업하는 일대일 전담지원체제로 운영하고 있다. 이와 같은 창조경제혁신센터는 정부와 대기업이 스타트업, 벤처기업, 중소기업 등을 지원한다는 목적이 강하여, 기업이 원하는 신제품 개발이나 신 비즈니스 모델 발굴 기회로는 이어지지 못하고 있다. 그런 면에서 창조경제혁신센터 내 메이커스페이스(팹랩을 포함)를 활성화시켜, 기업은 자사 제품 및 신 비즈니스 모델 개발과 테스트 마케팅을 위한 플랫폼으로 활용할 필요가 있다. 국내 메이커스페이스를 통한 시제품 개발 및 시장 테스트 경험이 축적되면, 전 세계 1,170여 개 이상 설립되어 있는 글로벌 팹랩 네트워크를 통해 글로벌 시장에 내놓을 수 있는 제품을 개발할 수 있을 것으로 기대된다.

특히, 일본에서는 2015년 게이오대학 SFC연구소의 주최 하에, 오카무라제작소, 박보당(博報堂)이 운영회원이 되어, 비즈니스 관점에서 팹랩이 가져오는 팹 이코노미(Fab Economy) 현상에 대한 연구회를 조직하였다. 이 연구회에는 팹 이코노미적 사회 현상에 관심을 가져온 NTT데이터경영연구소, 팹 이코노미에 기여하는 기술과 플랫폼을 가지고 있는 요판인쇄((凹版印刷), 소매 비즈니스와 마켓 플레이스를 추진하고 있는 파르코(PARCO), 선진적 팹 이코노미를 실천하고 있는 팹카페(FabCafe), 소재 매칭이라는 영역 비즈니스를 전개하고 있는 엠크로싱(M Crossing), 공예 작가의 마켓을 운영하고 있는 이이치(iichi), 생활인 간 공창 플랫폼을 운영하고 있는 보이스비전(Voice Vision) 등이 회원으로 참가하였다. 이들은 연구회 모임을 통해, 참여 회원사의 디지털 비즈니스 대책을 소개한 후, 팹랩과 디지털 패브리케이션 현장을 방문하여 비즈니스에 접목할 만한 접점을 발굴해 나갔다. 그 결과, 팹랩이 단순히 기술을 이용할 수 있는 공간이 아니라 팹 이코노미라는 새로운 경제시스템으로 구축될 것으로 전망하였다. 즉 팹랩이 만들어내는 팹 이코노미(Fab Economy)는 문화, 공간, 사람, 성과, 파급효과로 이루어진 메타적 구성요소이다. 팹 이코노미는 분절불가능한 기능을 가진 장소에서 다양한 역할을 수행하는 사람들이 만나, 공창을 통해 정보, 물질을 불문하고 다양한 성과를 산출하고, 그 파급효과로서 산업구조가 변혁됨과 동시에 문화로서 성숙하는 모델을 제시하고 있다. 이러한 비즈니스 활동을

'공생에 기초한 FAB 생태계(symbiotic ecosystem of fan economy)'의 일부로 파악하여, 새로운 기업 활동의 방식을 참가 기업 간의 협업을 통해 창출한다는 계획을 가지고 있다.

이와 같이 일본에서는 디지털 패브리케이션 문화를 선도하는 기업을 중심으로, 팹랩을 단순한 제조 공간이 아니라 기업의 신제품과 신 비즈니스 모델을 개발할 수 있는 창의적 비즈니스 공간으로 정의하고 있다. 우리나라에서 대기업의 4차 산업혁명에 대한 인식을 조사한 결과에 따르면, 국내 기업의 70%가 4차 산업혁명에 대응하지 못하고 있었다. 4차 산업혁명에 대응하는 기업들은 신사업 및 신 비즈니스 모델을 개발하거나 스마트 공장 도입을 준비 중인 것으로 나타났다.[42] 이런 측면에서 보았을 때, 기업이 팹랩을 신제품 개발과 테스크 마케팅의 중요한 플랫폼으로 인식할 필요가 있다. 이를 위해, 우리나라에서도 선진적 기업과 메이커스페이스 관계자가 협업 연구를 통해, 한국적 디지털 패브리케이션 비즈니스 모델을 개발할 필요가 있다.

3. 팹랩을 통한 국가, 도시의 국제 경쟁력 향상

미국은 지금까지 민간에서 자발적으로 이뤄지고 있던 팹랩의 활동을 국가의 정책으로 끌어올리기 위해 2013년 "National Fab Lab Network Act of 2013" 법안을 발의했다. 이 법안은 인구 70만 명당 적어도 1개 팹랩을 구축하는 것을 목표로 하고 있다. 이는 팹랩을 거리에서 이용할 수 있는 '21세기 도서관'으로 국가적 차원에서 정의한 것이다. 즉, 시민들이 가장 가까운 팹랩을 방문하여, 창의적인 제작 활동을 체험하고, 타인과 공유할 수 있는 제3의 공간(Third Place)으로 만드는 것이다. 러시아에서는 모스크바 시내에 20개, 러시아 전역에서는 100군데 이상으로 팹랩의 설치를 계획하는 등 국가나 시차원에서 적극적으로 팹랩의 보급, 추진에 대응하고 있다. 스페인바르셀로나에서는 팹랩 운영자를 바르셀로나 시의 시티 아키텍처로임명하고 있으며, 시내에 5~6개의 서로 다른 목적으로 특화된 팹랩을 운영하고 있다.

우리나라에서 국가적 차원에서 차세대 혁신가와 기업가를 육성하기 위해서는, 미국 정부처럼 초등 중등 교육 단계부터 과학기술 인재 육성 정책에 팹랩을 포함시키거나, 팹랩 시설을 전국적 규모로확대할 필요가 있다. 또한 팹랩을 '21세기의 도서관'로 정의하고, 팹랩을 차세대 과학기술 인재 육성을 위한 공간으로 활용하는 것도 바람직하다. 나아가 스페인이 팹랩 운영자를 '시티 아키텍처'로 정의한 것처럼, 팹랩을 포함한 메이커스페이스 운영자의 위상을 높일 필요가 있다. 즉, 단순히 팹랩이라는 창작공간을 운영하는 관리자가아니라, 팹랩이라는 제조 공방을 활용하여 시민들의 창작활동을 지원하는 컨설턴트 및 전문가로서의 위상을 부여할 필요가 있다.

특히, 바르셀로나시처럼 팹랩이라는 메이커스페이스를 도시 정책의 중요한 시설로 도입하여, 팹랩을 기점으로 한 크리에이티브 시티나 스마트 시티 구축을 목표로 하는 것도 매우 중요하다. 앞서 살펴본 바와 같이 과학기술 인재 육성 정책의 관점과 마찬가지로, 산학연관 협력을 포함한 포괄적인 정책 대응이 요구된다. 최종적으로는기업가, 엔지니어, 연구자, 디자이너, 제작자, 아티스트, 건축가, 사회

활동가, 외국인 등 다양한 배경을 가진 사람들을 지속 가능한 도시를 만드는 데 동참시켜야 한다. 다양한 인재가 모이는 것으로 혁신이 창조되기 쉬운 환경이 조성되며, 도시의 국제 경쟁력을 높일 수 있을 것으로 생각된다.

우리나라 제조업체가 극심한 글로벌 경쟁에서 이겨나가기 위해서도 산학관이 일체가 된 국가 전략을 수립할 필요가 있다. 이를 위해 팹랩을 적극 활용하여 국가나 도시의 국제 경쟁력 향상을 높이고, 국가적·사회적 가치를 창출하는 것이 요구되고 있다. 이를 위한 첫 단계로서, 메이커스페이스(팹랩 포함)가 가져오는 디지털 패브리케이션 시대의 사회적(정치, 경제, 사회, 교육, 문화 등 전반) 변화에 관해 심도 있는 연구를 진행할 정부 차원의 포럼(혹은 연구회)을 조직할 필요가 있다. 일본은 이미 2014년 총무성 산하에 '팹사회 연구회'를 만들어, 일본을 대표하는 20여명의 전문가가 심도 있는 토의를 진행하였다. 그 결과, '팹사회의 전망', '팹사회의 인프라 구축'에 관한 보고서가 만들어지기도 했다.

03 맺음말

이어령 교수의 이야기처럼 아날로그와 디지털이 만나는 디지로그 (Digilog)[43] 체험 공간이 메이커스페이스를 통해 전국적으로 확산되어가길 기대한다. 그런 면에서 공예박물관 내 팹랩 시설은 한국형 디지로그의 작은 모델이 되지 않을까 기대한다. 차고 문화가 발달한 미국이나 공방 문화가 잘 전수된 일본과 우리는 상황이 많이 다르다. 탄탄한 경제력을 바탕으로 무난한 성장세를 보인 두 나라와 달리, 우리나라는 제작 문화를 누릴 만한 충분한 공간도 여유도 없었다. 오히려 그렇기 때문에 팹랩 같은 메이커스페이스가 필요하며, 여러 메이커스페이스에서 기술과 사회가 만나는 다양한 디지로그 행사가 이어지길 기대한다.

한국에는 벤처·창업기반의 무한상상실, 창작터 등 공공형 메이커스페이스가 100개 이상 존재하며, 팹랩 서울과 같은 민간 메이커스페이스는 세운상가를 중심으로 지역 밀착형 기술 문화의 확산에 주력하고 있다. 한편 일본의 팹랩 가마쿠라는 지역 주민이 중심이 되어, 사용하는 기술은 최신의 것이라고 하더라도 지역 활동의 핵심인 사람과 사람과의 관계 속에서 'Learn(배우고)', 'Make(만들고)', 'Share(공유)'해나가야 한다는 철학, 이념을 바탕으로 체계적인 커뮤니티를 운영하고 있다. 한국에서도 팹랩이 기술 중심을 넘어서 기술과 사회의 융합체라는 철학과 이념을 바탕으로 하여 디지털 시민공방으로 거듭날 필요가 있다. 즉, 정부 중심의 기술주도 메이커스페이스와 민간 주도의 커뮤니티 중심의 디지털 시민공방이 서로 협업하면서 발전해 나갈 필요가 있다.

한국형 메이커스페이스 문화가 발전하기 위해서는 정부는 인프라 혹은 기술에 집중하고, 이를 바탕으로 팹랩을 통해 민간(커뮤니티)이 따뜻한 기술(적정기술, 재밌는 Fun 기술)을 발굴하거나 개발하여, 그것을 중심으로 지속가능한 발전 가능성을 모색할 필요가 있다. 그 중심적 역할을 하는 것이 바로 커뮤니티이다.

이를 위해 팹랩은 제조실험실을 넘어서 디지털시민공방으로 재정립되어야 할 것이다. 한국형 팹랩은 기술 중심을 넘어서 커뮤니티에서 잉태한 사회가 되어야 한다. 신제품, 신기술 개발을 넘어서 적정기술에 대한 개발이 필요하다. 팹랩 이용자들이 놀이감각으로 즐길 수 있는 플레이슈머(Playsumer)로 거듭나야 한다. 또한, 팹랩은 집과 사무실에 이은 나의 제3의 공간이 되어, 언제 어디서나 찾아갈 수 있는 환경이 조성되어야 한다. 벤처기업이나 혁신기업의 기술개발을 넘어서 공동체의 지속가능한 발전 생태계를 구축하는 거점이 되어야 할 필요가 있다. 또한, 팹랩은 '21세기 도서관'으로, 도서관처럼 언제 어디서나 손쉽게 접근할 수 있으며, 편하게 이용할 수 있는 제작 공간이 되어야 한다. 이를 통해 팹랩은 첨단 과학기술을 만지고, 체험하는 디지털 패브리케이션형 도서관으로 진화하여, 과학기술 인재를 양성하는 요람이 되어야 한다.

팹랩은 지속가능한 지구를 위한 전 세계적 노력의 일환이다. 팹랩은 팹시티로 발전해 나갈 것이며, 2054년 팹시티(Fab City)가 완성되는 시점에 팹월드(Fab World)가 도래한다고 생각된다. 이러한 과정을 통해 사용자 중심의 퍼스널 패브리케이션은 공동체 중심의 소셜 패브리케이션로 진화하게 되는 것이다.

· 제작 후기 ·

2010년 이후, 필자는 아시아 신흥시장의 저소득층을 대상으로 하는 BoP(Base of the Pyramid) 비즈니스에 관한 연구를 진행하는 가운데, 적정기술을 활용한 BoP 비즈니스 사례를 다수 목격하게 되었다. 그리고 최근 BoP비즈니스와 적정기술을 담아 낼 수 있는 팹랩이란 글로벌 제조 커뮤니티의 실체를 보게 되었다. 그러면서 다가오는 사람중심 4차 산업혁명의 작은 대안 중 하나로서, 디지털 시민공방인 팹랩의 가능성을 발견하게 되었다.

그러던 중 서울시에서 풍문여고 자리에 2018년 공예박물관을 세운다는 이야기를 듣게 되었다. 공예박물관 내 팹랩 시설을 만들 수 있다면, 눈에 보이는 한국형 팹랩의 모델이 될 수 있지 않을까라는 기대를 가지게 되었다. 그 후 팹랩 관련 프로젝트가 한국연구재단에 선정되어 일본을 방문하게 되었다. 이때 게이오대학의 다나카 히로야 교수, 팹랩 가마쿠라의 대표인 와타나베 유카, 팹랩 시부야의 우메자와씨 등을 만나 대화를 나누며 팹랩이 가지는 개방적 문화와 철학, 이념 등을 어느 정도 이해하게 되었다. 이에 한국에서도 팹랩이 기술이 치우치는 것이 아니라, 기술과 사회의 조화 속에 지속가능한 발전을 추구하는 가능태로서의 잠재력을 숨기고 있단 사실을 확인했다.

이에, 필자는 미국에서 시작된 팹랩 문화가 일본에서 아시아화(동양화)된 모습을 발견하고, 이를 한국에 도입하면 한국적 팹랩 문화를 만들 수 있지 않을까라는 기대감을 갖게 되었다. 그리고 그 구체적인 대안으로서 공예박물관 내 팹랩 시설을 소개하였다.

팹랩은 기술적 요소가 강하여, 공학자가 아닌 경영학도로서 접근하는 것이 쉽지 않았다. 하지만 팹랩이 기술과 사회의 통합될 수 있는 새로운 분야를 소개했다는 점에서 다소나마 기여를 하게 된 것을 감사하게 생각한다. 아울러 기회가 되면 다나카 히로야 교수의 '팹라이프(Fab Life)'를 번역하여, 팹랩이 가져오는 다양한 생활의 변화상을 소개하고 싶다. 도서를 출간한 후, 페이스북을 개설하여 관련 정보를 전문가와 함께 공유하면서, 한국형 팹랩 문화를 만드는데 기여하고 싶다.

마지막으로, 미국에서 탄생한 팹랩 문화가 한국에서는 따뜻한 적정기술과 만나는 디지털 시민 공방이 되어 우리 앞에 다가오게 날을 기대한다. 2009년 팹 재단(Fab Foundation)이 설립된 이후 매년 개최되는 팹 글로벌 회의(FAB13, 2017년 칠레 산티아고)가 2020년 이후에 한국에서도 개최될 수 있기를 희망한다.

Keep Fabbing ....

추신. 팹랩을 연구하게 된 또 다른 동기중 하나는 선교이다. 누구에게나 팹랩을 통해 하고 싶은 일이 있듯이, 필자는 가까운 미래에 Jesus Fabbing을 하고 싶다는 소망이 있다. 바울의 선교여행처럼, 디지털 패브리케이션 동역자들과 함께 전 세계 팹랩을 방문하면서, 예수님의 사랑을 배우고(Learn), 만들고(Make), 공유(Share)하고 싶다. 동역자를 기다리면서...

4차산업혁명을 이끄는 사람들(7)
"생활속 제조문화부터…시민 참여형 팹랩 확산돼야"

글로벌 이코노믹, 이재구 기자(2017년 5월 4일자)

김윤호 서울과기대 초빙교수는 생활속에서 누구나가 자신이 생각하는 것들을 만들 수 있는 공간이 확산돼야 한다는 이른바 '생활속 팹랩 확산' 운동 주창자다.

"PC방이 인터넷 확산의 기폭제가 된 것처럼 팹랩이 시민의 제조공간으로 더 확산되고 활성화돼야 한다. 미국엔 차고문화, 유럽엔 제품 수리 문화가 있고 가까운 일본엔 공방문화가 있다. 우리나라엔 이런 문화가 없다. 일반인들이 뭔가를 만들어 볼 '메이커 공간'이 없다. 시민이 생활속에서 참여하는 팹랩을 통해 아날로그 감성과 디지털 기술이 결합된 '디지로그' 문화가 만들어지고 확산돼야 한다."

김윤호 서울과기대 초빙교수(54)는 시민들이 참여해 뭔가를 제작할 수 있는 공간, 이른 바 시민들의 '생활속 디지털 공방'(팹랩) 확산 운동 주창자다. 지난달 26일 재야의 팹랩 고수인 그를 서울 남대문 근처 한 카페에서 만났다.

사실 일반인들에겐 '팹랩'(fab lab)이란 말조차 낯설다. 그의 주장도 생소할 수 밖에 없다. 팹랩이란 3D프린터와 레이저 커터같은 디지털 제작장비가 비치돼 누구나 실제로 만들고 싶은 물건을 만들어 볼 수 있는 공간이다.

스타트업과 벤처를 위한 창업 및 제품 개발 공간인 서울 세운상가 내 '팹랩서울'이 대표적 공간으로 꼽힌다. 하지만 서울시에만도 26개나 되는 다양한 제작공간, 이른바 '메이커스페이스'(maker space)가 있지만 그가 보기엔 생각보다 일반인들이 참여하기엔 어려워 보여 아쉽단다.

김교수는 '생활 속 디지털공방 확산'을 위한 가장 실효성이 큰 방안으로 내년에 설립될 서울시 공예박물관 내 팹랩 도입을 강력히 주장하는 사람이다.

이 박물관은 서울시 종로구 인사동 뒷길 풍문여고 자리에 만들어진다. 하지만 아직 팹랩 도입에 대해 확정된 것은 없다. 그는 "서울시 공예박물관에 디지털 공방(팹랩)을 도입하면 3D프린터와 레이저커터로 다양한 공예박물관 전시품을 직접 만들어 전시할 수 있다. 아날로그 감성의 고전 공예품과 현대의 기술이 만나게 된다"고 강조한다.

그는 이렇게 되면 다양한 이해 관계자들의 요구를 두루 충족시킬 수 있다고 말한다.

예를 들면 초·중·고생의 경우 산학 연계과정, 또는 방과후 과정을 통한 체험을 할 수 있다. 대학생들에게는 신흥 프론티어 시장에서 팔릴 제품을 만들어 내는 이른바 '프론티어 메이커스' 육성과정을 제공할 수 있다. 여기에 머물지 않는다. 드넓은 공예박물관 공간은 공예전문가들을 위한 디지털 공예 제작공방은 물론 중소상공인이 직접 와서 제품을 개발하는 개발공방, 시민들이 직접 제품개발

공방의 장으로 활용할 수 있다. 소외계층용 제품 개발도 할 수 있게 된다.

김교수는 "특히 서울시 공예박물관은 대표적 한류관광거리로 인기를 끄는 인사동과도 맞물려 있어 외국인들의 한류 공예체험공방으로서도 중요성을 갖게 될 것이다. 일본의 경우 이미 2020도쿄올림픽 참가 외국인들을 위한 자체 팹랩 투어까지 준비하고 있다"고 말한다.

그는 "팹랩이 성공하려면 시민들이 필요성과 효용성을 느껴야 한다. 시민들이 좋은 아이템을 가지고 와 이 랩에서 직접 제품을 만들고 사업화할 수 있게 될 것이다. 사람들이 모이다 보면 좋은 아이디어도 모이고 커뮤니티도 만들어지게 된다"고 말한다.

생활 속 제작문화가 확산돼야 벤처도, 기업도 살게 된다는 게 그의 주장이다. 그는 "기업들은 팹랩을 활용해 큰 초기 비용없이 해외 현지 시장용 아이템을 제작하고 수요를 저울질할 기회를 갖게 된다. 혁신은 다들 쓸모없다고 생각하는 2.5%안에 있다"고도 조언한다.

김교수는 자신의 생각을 전파하기 위해 일본 총무성 관계자, 일본 팹랩 전문가들과 만난 경험과 세계적 트렌드, 그리고 자신의 생각을 정리한 '팹랩과 팹시티'라는 책을 탈고하고 출판을 준비하고 있다.

1 메이커(Maker)는 다양한 전문가를 통해 정의되고 있다. 테크숍 공동설립자 마크 해치는 메이커를 "발명가, 공예가, 기술자 등 기존의 제작자 카테고리에 얽매이지 않으면서 손쉬워진 기술을 응용해서 폭넓은 만들기를 하는 대중"이라고 정의하고 있다. '메이커즈'의 저자 크리스 앤더슨은 다가올 새로운 산업혁명을 주도하며, '제품 제작 및 판매의 디지털화를 이끄는 사람, 기업이라고 설명하고 있다(자료 : www.makeall.com).
메이커 운동(Maker Movement)이란, 메이커들이 일상에서 창의적 만들기를 실천하고 자신의 경험과 지식을 나누고 공유하려는 경향을 말한다. 최근 시제품 제작과 창업이 용이해지면서 소규모 개인 제조 창업이 확산되는 추세 역시 메이커 운동의 일부라고 이해된다.

2 메이커스페이스(Make Space)는 3D 모델 파일과 다양한 재료들을 이용하여 메이커가 원하는 사물을 즉석에서 만들어 낼 수 있는 작업 공간을 말한다. 우리나라에는 2017년 현재 3월 현재 138개가 있다. 이중 민간운영 메이커스페이스는 32개, 공공운영 메이커스페이스 106개이다.

3 무한상상실은 미래부에서 지원하는 창의공간을 말한다. 과학관, 도서관, 주민센터 등의 생활공간에 설치되는 창의공간으로 국민의 창의성, 상상력, 아이디어를 발굴하고, 이러한 아이디어를 기반으로 시제품 제작, UCC제작, 스토리 창작 등의 다양한 업무를 수행하는 열린 공간이다. 제작에 사용되는 도구로는 3D 프린터, 레이저 커터, CNC, 아두이노 보드 등 메이커 활동에 필요한 장비가 비치되어 있다. 2014년 11월 현재 거점 13개, 소규모 29개 등 총 42개소 운영하고 있다.

4 디지로그는 디지털(digital)과 아날로그(analog)의 합성어로서, 디지털 기기에 아날로그 정서가 융합하는 첨단기술을 의미한다.

5 OECD(2016), "Enabling next production revolution - an interim project report."

6 장필성(2016), 4차 산업혁명시대 산업트렌드와 제조업의 대응전략, 산업입지 62호, pp.1-12, 과학기술정책연구원.

7 Takana Hiroya(2015), The Global Society on Planetary Fabbing Design Inclusion Workig Group FY 2015 Document, Keio Research Institute at SFC.

8 이 절의 내용은 일본 총무성의 '팹사회의 연구회'에서 만든 2권의 보고서, '팹사회의 전망에 관한 검토회 보고서', '팹사회 추진전략 - Digital Society 3.0'의 보고서 내용을 중심으로 정리한 것이다.

9 정보통신기술진흥센터(2016), 주요 선진국의 제4차 산업혁명 정책동향, 해외 ICT R&D 정책동향.

10 본 법안의 핵심은 오바마 정권이 초등 중등교육 단계부터 과학기술 인재 육성 정책으로 추진하는 "STEM(Science, Technology, Engineering and Math)교육"에서 요구되는 기술을 학생들이 습득하는 것을 지원하고, 차세대를 담당하는 창업가나 혁신가를 육성하는 것이다.

11 산자이문화(山寨文化)는 단순한 가짜와는 구별되는 새로운 형태의 복제품이 사회 전반에 확산되어 형성된 중국의 사회적·문화적 현상을 말한다.

12 자세한 내용은 아래 사이트에 소개되어 있다. 팹랩 표준 장비는 매년 개정되고 있다. 참고 : fablab2.0 (http://fab.cba.mit.edu/about/charter/)

13 각 국가의 팹랩 활동 등을 소개 한 비디오로
https://www.youtube.com/watch?v=YTwt7ji3EgY 가 있다.

14 메이커스페이스는 이는 전통적 제조업의 과정을 넘어 굴뚝 없는 비트(bit) 제조업으로 도약하는 가상 세계의 객체를 현실화하는 방법이다. 제조업 자체의 패러다임을 전환시켜 일반 개인도 최종 완제품을 생산해 내는 '개인 제조업'의 부상을 예고하고 있다(자료 : 네이버 지식백과).

15 2002년 팹랩을 만드는 움직임이 미국 MIT(매사추세츠공과대학)에서 확산 MIT의 닐 거쉔펠드 교수가 그의 저서「제조 혁명, 퍼스널 패브리케이션의 여명」에서 팹랩을 소개한 이후, 그의 생각이 급속하게 전 세계로 펴져나갔다고 알려져 있다.

16 자세한 내용은 정부 관계부처 합동(2016), 창업과 제조 혁신으로 발전하는 '메이커 운동' 활성화 추진계획을 참조.

17 자세한 내용은 https://www.makeall.com/subpage.php?p=makerspace 참조.

18 팹랩 가마쿠라의 사례는 팹랩 가마쿠라 대표인 와타나베 유카의 논문과 한국산업기술진흥원의 보고서, 그리고 팹랩 가마쿠라 홈페이지, 2017년 2월 일본 현지 방문 인터뷰 내용등을 중심으로 정리하였다. Youka, W. (2014). How to make almost anything: The Possibility of FabLabs around the world and Kamakura, Journal of Information Processing and Management, 57(9), pp.641-650.
한국산업기술진흥원(2014), 혁신형 제조공간, 팹랩 : 일본의 팹랩운영 사례를 중심으로, 산업기술정책 브리프, pp.1-30.

19 한국산업기술진흥원(2014), 혁신형 제조공간 팹랩 : 일본의 팹랩운영 사례를 중심으로.

20 Saint Gobain Opening FabLab Willich EN
https://www.youtube.com/watch?v=qzTHWEq3Kwc

21 1947년에서 1949년 사이에 태어난 일본의 베이비 붐 세대를 가리킨다. 1970년대와 1980년대 일본의 고도성장을 이끌어낸 세대이다.

22 팹-파이(FabFi)는 건축 자재와 기성품 가전장비를 이용해 수마일이 넘는 곳까지 무선신호를 전송할 수 있다.

23 Tanaka Hiroya(2012), FabLife, p.35, O'reilly Japan.

24 율리아 발터-헤르만, 크린네 뷔힝 편저(2015), 팹랩 – 기계, 메이커, 발명가의 제작공동체 이야기, 아카데미 프레스, p.351.

25 자세한 내용은 경제산업성의 프론티어 육성사업 소개 참조.
http://www.meti.go.jp/press/2014/11/20141107004/20141107004.html

26 자세한 내용은 http://news.osipp.osaka-u.ac.jp/?p=968 참조.

27 자세한 내용은 http://fablabjapan.org/2015/06/26/post-5777/ 참조.

28 업사이클 플라스틱 프로젝트의 2017년 이후 전망은 2017년 2월 일본에서 해당 프로젝트에 참여하고 있는 연구원과의 인터뷰를 통해 취득한 정보이다.

29 See-D는 먼저 현지를 보는 developing country, 다음은 문제점을 찾는 debatable point, 디자인 싱킹 보급 모델을 배우고, 검색, 체험해 보는 design & dissemination model로 구성되어 있다. D는 여러 가지 의미 프로세스를 담고 있다. 또한 BoP 시장과 디자인 사고에 관심을 가진 사람들이 전 세계에 씨앗을 심고 꽃을 피울 수 있다는 의미도 담아 See-D contest라고 이름을 지었다.

30 이 콘테스트의 자세한 내용은 다음을 참조. http://www2.icnet.co.jp/bizcon2014/

31 국내외 스마트시티 계획은 글로벌과학기술정백정보서비스(www.now.go.kr)의 주요국의 스마트시티 정책(2015), 한국방송전파진흥원(2014)의 전 세계 주요국의 스마트시티 추진사례 분석, 한국인터넷진흥원(2015)의 스마트시티 도시별 추진현황 등을 중심으로 정리한 것이다.

32 강정수(2015), 스마트시민이 스마트시티를 만든다, 한국인터넷진흥원.

33 Matt Hamblen(2016)의 세계는 지금 묻지마 스마트시티 열풍
(http://www.ciokorea.com/news/29303)

34 한상기(2015), 스마트시티 도시별 추진현황, 한국인터넷진흥원.

35 팹시티 요코하마 2020 계획은 'Guidebook for the realization of Yokohama Fabcity 2020'의 내용을 중심으로 정리한 것이다.

36 팹시티 요코하마 2020 계획은 게이오대학 SFC연구소를 중심으로 전문가들이 모여 지속적인 워크숍을 진행하고 있다. http://sfc.sfc.keio.ac.jp/

37 세계 최대 규모의 코스프레 이미지를 볼 수 있다. 코스프레 커뮤니티 사이트.
https://worldcosplay.net)

38 한국에서는 메이크올 사이트에서 '메이커를 위한 지도'에서 메이커를 위한 창작공간, 가공대행, 재료 등을 표시한 지도 서비스를 제공하고 있다.
https://www.makeall.com/subpage.php?p=makerspace

39 관계부처 합동(2016), 창업과 제조 혁신으로 발전하는 '메이커 운동' 활성화 추진계획.

40 세계 메이커페어 수는 미국(75개) > EU(25개) > 중국(4개) > 인도(2개) >일본(1개) 이다.

41 "1. 팹랩의 이념과 병행하는 영리활동의 중요성"은 닛세이기초연구소(2016)의 기초연구 리포트 '제조 커뮤니티의 장으로 발전하는 팹랩'의 내용을 바탕으로 한국적 상황을 추가하면서 정리하였다.

42 현대경제연구원(2017), 4차 산업혁명에 대한 기업 인식과 시사점, 통권 691호, pp.1-11.

43 이어령(2007), 디지로그 선언, 생각의 나무.

• 참고문헌 •

국문

강정수(2015), 스마트시민이 스마트시티를 만든다, 한국인터넷진흥원.

권보람・김주성(2014), 오프라인 아이디어 혁신공간의 운영현황 및 활성화전략, ECO Market 2014-12, 한국전자통신연구원, pp.1-48.

김동현(2013), 개방형 혁신을 위한 공공디지털 제작소 팹랩, 건축, 57권 11호, pp.37-41.

박영숙(20105), 메이커의 시대 : 유엔미래보고서 미래 일자리, 한국경제신문사.

박원훈(2014), 지구촌기술나눔센터 운영방안 연구, 한국과학기술단체총연합회.

성지은 외(2013), 리빙랩의 운영체계와 사례, STEPI Insight 127, pp.1-46.

성지은 외(2014). 사용자 주도형 혁신모델로서 리빙랩의 사례분석과 적용 가능성 탐색, 기술혁신학회지, 17권 2호, pp.309-333.

송위진・안형준(2012), 팹랩 : 사용자와 시민사회를 위한 혁신 공간, STEPI ISSUES & POLICY, 62호, pp.1-12.

송위진 외(2013), 창조도시의 혁신정책 : 지속가능한 도시를 위한 시민참여형 혁신전략, 과학기술정책연구원.

성하영(2015), 공공 디지털 제작소 팹랩서울, 공예+디자인. 제12호 pp.50-51.

율리아 발터-헤르만, 코린네 뷔힝(2015), 팹랩 – 기계, 메이커, 발명가의 제작 공동체 이야기, 아카데미프레스.

이건창・이명무・김윤호(2106), 일본 팹랩 사례와 한국의 적정기술 진흥정책에 관한 제언, 적정기술학회지, 2권 1호, pp. 11-18.

이은민(2016), 4차 산업혁명과 산업구조의 변화, 초점, 제28권 15호, pp.1-22, 정보통신정책연구원.

임일(2016), 4차산업혁명 인사이트, 더메이커.

장필성(2016), 4차 산업혁명시대 산업트렌드와 제조업의 대응 전략, 산업입지, 62호, pp.6-12, 과학기술정책연구원.

크리스 앤더슨(2013), 메이커스 MAKERS : 새로운 수요를 만드는 사람들, 에이치코리아.

클라우드 슈밥(2016), 클라우스 슈밥의 제4차 산업혁명, 새로운 현재.

클라우스 슈밥 외(2016), 4차 산업 혁명의 충격, 흐름출판.

차두원 외(2017), 4차 산업혁명과 빅뱅 파괴의 시대, 한스미디어.

폴 폴락·맬 워윅(2014), 소외된 90%를 위한 비즈니스, 더 퀘스트.

하원규·최남희(2015), 제4차 산업혁명, 콘텐츠하다.

한국경제TV 산업팀(2016), 4차산업혁명 세상을 바꾸는 14가지 미래기술, 지식노마드.

한국산업기술진흥원(2014), 혁신형 제조공간, 팹랩 : 일본의 팹랩운영 사례를 중심으로, 산업기술정책 브리프, pp.1-30.

한국산업기술진흥원(2016), 적정산업기술 액션플랜.

한상기(2015), 스마트시티 도시별 추진현황, 한국인터넷진흥원.

영문

Cautela, C., Pisano, P. and Pironti, M. (2014). The emergence of new networked business models from technology innovation: an analysis of 3-D printing design enterprises. International Entrepreneurship and Management Journal, 10(3), pp. 487-501.

Fleischmann, K., Hielscher, S. and Merritt, T. (2016). Making things in Fab Labs: a case study on sustainability and co-creation, Digital Creativity, pp. 1-19.

Gershenfeld, N. (2012). How to make almost anything: The digital fabrication revolution, Foreign Affair. 91(6), pp. 42-57.

Guthrie, C. (2014). Empowering the hacker in us: a comparison of fab lab and hackerspace ecosystems. In 5th LAEMOS (Latin American and European Meeting on Organization Studies) Colloquium, Havana Cuba. pp. 2-5.

Moyo, D. (2009). Dead aid: Why aid is not working and how there is a better way for Africa, Macmillan.

Rieple, A., Pironti, M. and Pisano, P. (2012). Business Network Dynamics and Diffusion of Innovation. Symphonya, 2, p. 13.

Schrader, C., Freimann, J. and Seuring, S. (2012). Business Strategy at the Base of the Pyramid, Business Strategy and the Environment, 21(5), pp. 281-298.

Song, G., Zhang, N. and Meng, Q. (2009). Innovation 2.0 as a Paradigm Shift: Comparative Analysis of Three Innovation Modes, In Management and Service Science, 2009. MASS'09. International Conference on, pp.

1-5.

Tanaka, Hiroya(2012). FabLife, O'reilly Japan [Japanese Literature].

Takana, Hiroya (2015). The Global Society on Planetary Fabbing Design Inclusion Workig Group FY 2015 Document, Keio Research Institute at SFC [Japanese Literature].

Tokushima, Y. (2015). Economic Development using an Enabling Environment for Contextualized Innovation: The Case of the Poverty Reduction Project by Building-up the Innovation Environment Using FabLab. JICA Research Institute [Japanese Literature].

Tokushima, Y. (2016). Poverty Reduction Project by Building-up the Innovation Environment Using FabLab, ITU Journal, 46(2), pp. 36-40. [Japanese Literature].

Troxler, P. and Schweikert, S. (2010). Developing a business model for concurrent enterprising at the Fab Lab, In 2010 IEEE International Technology Management Conference (ICE), pp. 1-8.

Troxler, P. and Wolf, P. (2010). Bending the Rules. The Fab Lab Innovation Ecology, In 11th International CINet Conference, Zurich, Switzerland, pp. 5-7.

USAID. (2014). Makers for Development: showcasing: The potential of MAKERS.

Watanabe, Yuka. (2014). How to make almost anything: The Possibility of FabLabs around the world and Kamakura, Journal of Information Processing and Management, 57(9), pp. 641-650. [Japanese Literature].

김윤호 ─────────

서울과학기술대학교 글로벌경영학과 GTM전공 초빙교수(경영학 박사)
㈜메가리서치 연구위원
중소기업청, 한국콘텐츠진흥원 심사평가위원
(전)우송대학교 국제경영학과 초빙교수
(전)한국데이타하우스 이사

E-mail : kic555@naver.com

저서
『인터넷의 이해』(2005),
『모바일 콘텐츠 비즈니스로 가는 성공 로드맵』(2003)
『UCC 비즈니스 : 글로벌 현장 리포트』(2007)
『예수를 만나는 UCC세상』(2008)
『인터넷 창업경영』(2016)
『팹 라이프(Fab Life)』(역서, 출간예정)

팹랩 관련 논문 및 과제
· **논문**
　「일본 팹랩 사례와 한국의 적정기술 진흥정책에 관한 제언」(적정기술학회, 2016. 11)
· **과제**
　「업사이클 플라스틱 개발 : 필리핀 팹랩 보홀의 사례」(2016년 지구촌 기술나눔센터
　적정기술 논문 현상공모 선정)
　「글로벌 저소득층(BoP)비즈니스 전략」(한국연구재단, 인문학술저서, 3년 과제 진행중)

그 외 2004년 이후 인터넷·모바일 비즈니스, BoP(저소득층), 소셜미디어, 신흥시장(인
도를 중심으로), 콘텐츠 등을 주제로 한국연구재단 등재지(후보지 포함)에 30편 이상 논
문 게재

민간형 메이커 스페이스

팹랩과 팹시티

초판인쇄 2017년 7월 24일
초판발행 2017년 7월 24일

지은이 김윤호
펴낸이 채종준
펴낸곳 한국학술정보㈜
주소 경기도 파주시 회동길 230(문발동)
전화 031) 908-3181(대표)
팩스 031) 908-3189
홈페이지 http://ebook.kstudy.com
전자우편 출판사업부 publish@kstudy.com
등록 제일산-115호(2000. 6. 19)

ISBN 978-89-268-8095-1 93580